第3講　仕事とエネルギー

◎仕事とエネルギーの関係【⇒P.60】

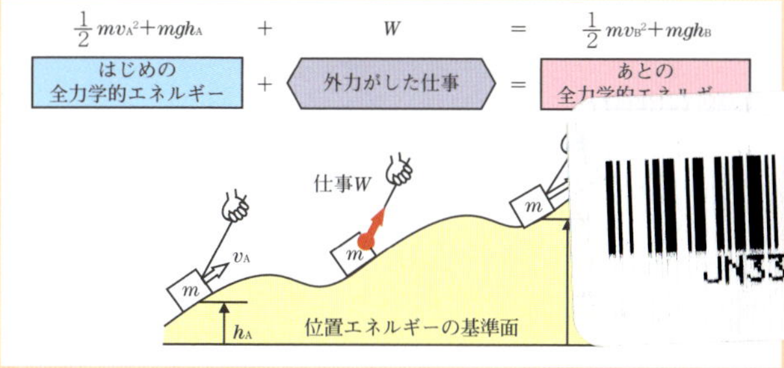

◎力学的エネルギー保存則【⇒P.61】

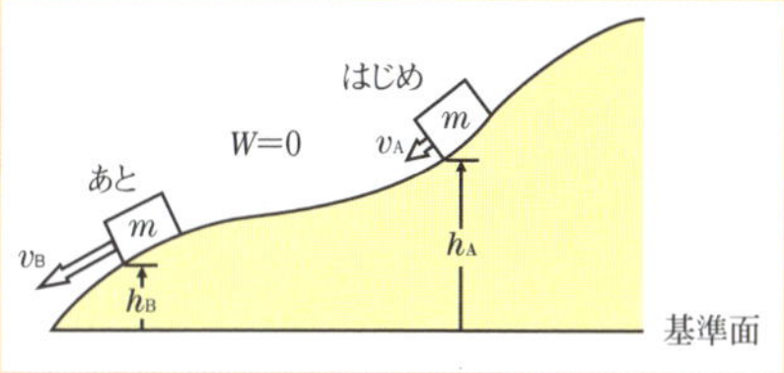

$$\underbrace{\frac{1}{2}mv_A{}^2 + mgh_A}_{\text{はじめの全力学的エネルギー}} = \underbrace{\frac{1}{2}mv_B{}^2 + mgh_B}_{\text{あとの全力学的エネルギー}}$$

◎力学的エネルギー保存則が使える例【⇒P.62】

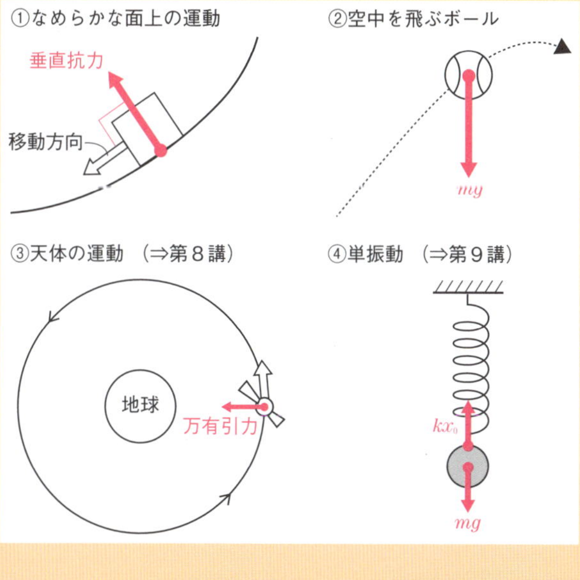

※詳しい内容，意味については本文を参照しよう！

名人の授業

大学受験

橋元の物理をはじめからていねいに 力学編

東進ハイスクール・東進衛星予備校
講師　橋元淳一郎

授業のはじめに

物理はイメージだ！

物理の勉強をはじめようとするみなさんに，ボクはいつも「**物理はイメージだ！**」とアドバイスします。すると多くの人たちは，けげんな顔をして，物理というのは，公式を使って式を立てて，複雑な計算をする科目じゃないの？と反論します。その顔には，だから物理はムツカシイ，オモシロクナイ科目に違いないと書いてあります。

しかし，そうではないのです。**物理の本質は，公式や計算とは無関係**です。イメージがすべてなのです。

本書は，「物理はイメージだ！」という信念のもとに，「物理基礎」を学び，さらに「物理」を学ぼうとする人のために企画しました。**東進ハイスクール・東進衛星予備校での実際の授業をもとに，ライブの雰囲気を生かして**まとめたものです。中学校の理科や数学，「物理基礎」はある程度わかったのだけれど，「物理」はゼンゼン理解できないと思っている人が，おもな対象です。それだけでなく，大学入試を「物理」で受験しようと思っている人に役立つように工夫しました。

なぜ？　どうして？

何かを学ぶには好奇心が必要です。好奇心とは，「**なぜ？　どうして？　どういう意味？**」といつも自分や先生に問いかける姿勢です。**物理が面白くなる最大のコツは，このような好奇心を持つこと**です。「理屈はどうでもいい，ともかく公式を覚えなさい！」という教えかた，学びかたが一番よくありません。多くの人が物理ギライになる理由は，わけもわからないまま公式を覚えさせられるからです。本書では，随所に「なぜ？　どうして？　どういう意味？」という問いかけが出てきます。みなさんも，ハッシー君と同じ好奇心を持って物理にアタックしてみてください。そうしたら，きっと思ってもみなかった物理の面白さが体験できるでしょう。

力学が物理の基本

高校の物理は，大きく「**力学**」「**熱**」「**波動**」「**電磁気**」「**原子**」の5つの分野に分けられますが，その中で**「力学」が何といっても，物理の基本**になります。また大学入試での出題比率がもっとも高いのも「力学」です。そこで，本書は「力学」をターゲットとして，物理の考えかた，問題の解きかたを伝授してみることにしました。最初は全部が理解できなくてもかまいません。1つでも2つでも，あっ，なるほど，そういうことなのか，という感動を味わってください。そうすれば，いつのまにかキミは物理の魅力にとりつかれていることでしょう。一人でも多くの人が物理好きになってくれる。それがハッシー君の願いです。

2016年3月　　橋元淳一郎

1 授業

橋元先生がていねいにわかりやすく授業を展開します。Theme，Stepに区切って進みますので，1つ1つ確実におさえていきましょう！

LIVE

実際の授業の動きを紙面で展開します。イメージの助けにしてください。

橋元流●

これぞイメージ物理の核となる考えかたです。橋元先生の秘伝をキミに教えます。

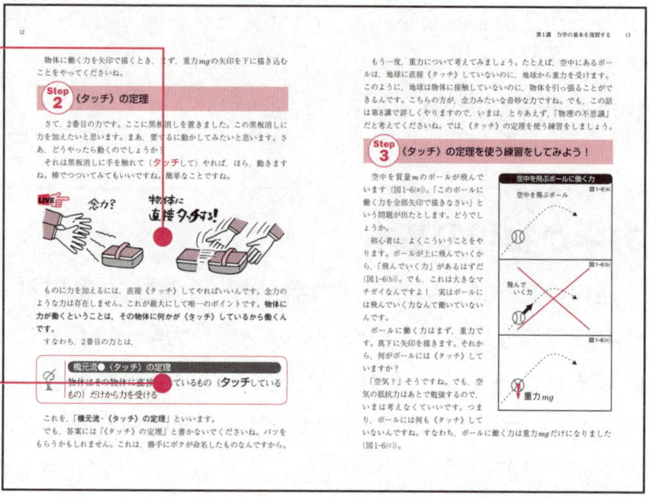

12

物体に働く力を矢印で描くとき，まず，重力mgの矢印を下に描き込むことをやってくださいね。

Step 2 《タッチ》の定理

さて，2番目の力です。ここに黒板消しを置きました。この黒板消しに力を加えたいと思います。まあ，要するに動かしてみたいと思います。さあ，どうやったら動くのでしょうか？

それは黒板消しに手を触れて（タッチして）やれば，ほら，動きますね。棒でつついてみてもいいですね。簡単なことですね。

ものに力を加えるには，直接《タッチ》してやればいいんです。念力のような力は存在しません。これが最大にして唯一のポイントです。**物体に力が働くということは，その物体に何かが《タッチ》しているから働くんです。**

すなわち，2番目の力とは，

橋元流●《タッチ》の定理
物体はその物体に直接タッチしているもの（タッチしているもの）だけから力を受ける

これを，**「橋元流・《タッチ》の定理」**といいます。

でも，答案には「《タッチ》の定理」と書かないでくださいね。バツをもらうかもしれません。これは，勝手にボクが命名したものなんですから。

第1講 力学の基本を復習する 13

もう一度，重力について考えてみましょう。たとえば，空中にあるボールは，地球に直接《タッチ》していないのに，地球から重力を受けます。このように，地球は物体に接触していないのに，物体を引っ張ることができるんです。こちらの方が，念力みたいな奇妙な力ですね。でも，この話は第8講で詳しくやりますので，いまは，とりあえず，「物理の不思議」だと考えてくださいね。では，《タッチ》の定理を使う練習をしましょう。

Step 3 《タッチ》の定理を使う練習をしてみよう！

空中を質量mのボールが飛んでいます（図1-6(a)）。「このボールに働く力を全部矢印で描きなさい」という問題が出たとします。どうでしょうか。

初心者は，よくこういうことをやります。ボールが上に飛んでいくから，「飛んでいく力」があるはずだ（図1-6(b)）。でも，これは大きなマチガイなんですよ！ 実はボールには飛んでいく力なんて働いていないんです。

ボールに働く力はまず，重力です。真下に矢印を描きます。それから，何がボールには《タッチ》していますか？

「空気？」そうですね。でも，空気の抵抗力はあとで勉強するので，いまは考えなくていいです。つまり，ボールには何も《タッチ》していないんですね。すなわち，ボールに働く力は重力mgだけになりました（図1-6(c)）。

連続図

物理現象などを一度分解し，わかりやすく再構築した連続図です。1つ1つていねいに理解し，全体のイメージをつかみましょう。

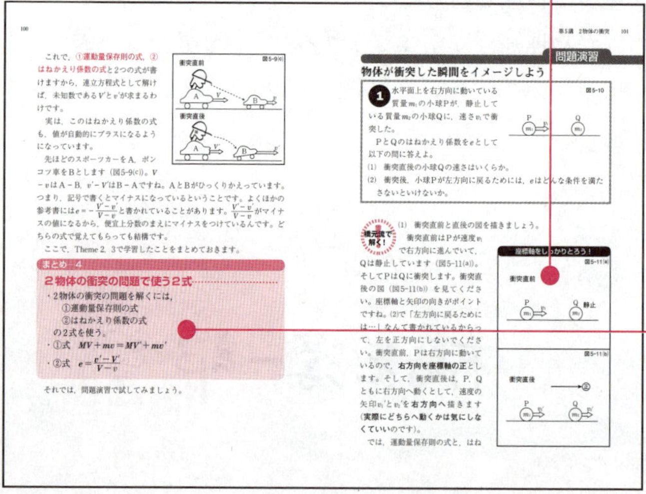

100

これで，①運動量保存則の式，②はねかえり係数の式と2つの式が書けますから，連立方程式として解けば，未知数であるV'とv'が求まるわけです。

実は，このはねかえり係数の式も，値が自動的にプラスになるようになっています。

先ほどのスポーツカーをA，ポンコツ車をBとします（図5-9(c)）。$V-v$はA−B，$v'-V'$はB−Aですね。AとBがひっくりかえっています。つまり，記号で書くとマイナスになっているということです。よくほかの参考書には$e=-\frac{V'-v'}{V-v}$と書かれていることがあります。$\frac{V'-v'}{V-v}$がマイナスの値になるから，便宜上分数のまえにマイナスをつけているんです。どちらの式で覚えてもらっても結構です。

ここで，Theme 2，3で学習したことをまとめておきます。

まとめ 4
2物体の衝突の問題で使う2式
・2物体の衝突の問題を解くには，
　①運動量保存則の式
　②はねかえり係数の式
の2式を使う。
・①式　$MV+mv=MV'+mv'$
・②式　$e=\frac{v'-V'}{V-v}$

それでは，問題演習で試してみましょう。

第5講 2物体の衝突 101

問題演習
物体が衝突した瞬間をイメージしよう

1 水平面上を右方向に動いている質量m_1の小球Pが，静止している質量m_2の小球Qに，速さv_1で衝突した。

PとQのはねかえり係数をeとして以下の問に答えよ。

(1) 衝突直後の小球Qの速さはいくらか。

(2) 衝突後，小球Pが左方向に戻るためには，eはどんな条件を満たさないといけないか。

橋元流で解く！

(1) 衝突直前と直後の図を描きましょう。

衝突直前はPが速度v_1で右方向に進んでいて，Qは静止しています（図5-11(a)）。そしてPはQに衝突します。衝突直後の図（図5-11(b)）を見てください。座標軸と矢印の向きがポイントですね。(2)で「左方向に戻るためには…」なんて書かれているからって，左を正方向にしないでください。衝突直前，Pは右方向に動いているので，**右方向を座標軸の正**とします。そして，衝突直後は，P，Qともに右方向へ動くとして，速度の矢印v_1'とv_2'を**右方向へ**描きます（**実際にどちらへ動くかは気にしなくていいのです**）。

では，運動量保存則の式と，はね

まとめ

授業で説明してきた大切なポイントをまとめます。しっかり確認しましょう。

本書の構成

物理最大の頻出分野である「力学」を本書は10講立てで展開します。それぞれ，前半は導入の授業部分で，後半は定着を図る問題演習部分となっています。

授業は，はじめからていねいに進めていきますので，物理が苦手だという人もムリなくムダなく力がついていくでしょう。

2 問題演習

授業部分で学習したことを活かし，確認しながら問題を解いていきます。学習事項の定着を図り，応用力・実戦力を養います。

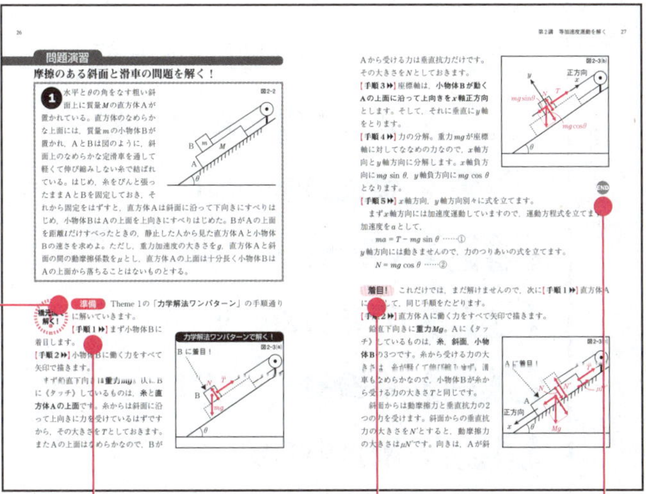
26

問題演習

摩擦のある斜面と滑車の問題を解く！

1 水平と θ の角をなす粗い斜面上に質量 M の直方体Aが置かれている。直方体のなめらかな上面には，質量 m の小物体Bが置かれ，AとBは図のように，斜面上のなめらかな定滑車を通して軽くて伸び縮みしない糸で結ばれている。はじめ，糸をぴんと張ったままAとBを固定しておき，それから固定をはずすと，直方体Aは斜面に沿って下向きにすべりはじめ，小物体BはAの上面を上向きにすべりはじめた。BがAの上面を距離 l だけすべったときの，静止した人から見た直方体Aと小物体Bの速さを求めよ。ただし，重力加速度の大きさを g，直方体Aと斜面の間の動摩擦係数を μ とし，直方体Aの上面は十分長く小物体BはAの上面から落ちることはないものとする。

準備 Theme 1の「**力学解法ワンパターン**」の手順通りに解いていきます。

【手順1 ▶▶】まず小物体Bに着目します。

【手順2 ▶▶】小物体Bに働く力をすべて矢印で描きます。

まず鉛直下向きに**重力 mg**。次にBに《タッチ》しているものは，**糸と直方体Aの上面**です。糸からは斜面に沿って上向きに力を受けているはずですから，その大きさを T としておきます。またAの上面はなめらかなので，Bが

第2講 等加速度運動を解く 27

Aから受ける力は垂直抗力だけです。その大きさを N としておきます。

【手順3 ▶▶】座標軸は，**小物体Bが動くAの上面に沿って上向きを x 軸正方向**とします。そして，それに垂直に y 軸をとります。

【手順4 ▶▶】力の分解。重力 mg が座標軸に対してななめの力なので，x 軸方向と y 軸方向に分解します。x 軸負方向に $mg\sin\theta$，y 軸負方向に $mg\cos\theta$ となります。

【手順5 ▶▶】x 軸方向，y 軸方向別々に式を立てます。

まず x 軸方向には加速度運動していますので，運動方程式を立てます。加速度を a として，

$$ma = T - mg\sin\theta \quad \cdots\cdots ①$$

y 軸方向には動きませんので，力のつりあいの式を立てます。

$$N = mg\cos\theta \quad \cdots\cdots ②$$

END

着目！ これだけでは，まだ解けませんので，次に【手順1 ▶▶】直方体Aに着目して，同じ手順をたどります。

【手順2 ▶▶】直方体Aに働く力をすべて矢印で描きます。

鉛直下向きに**重力 Mg**。Aに《タッチ》しているものは，**糸，斜面，小物体B**の3つです。糸から受ける力の大きさは，糸が軽くて伸び縮みせず，滑車もなめらかなので，小物体Bが糸から受ける力の大きさ T と同じです。

斜面からは動摩擦力と垂直抗力の2つの力を受けます。斜面からの垂直抗力の大きさを N' とすると，動摩擦力の大きさは $\mu N'$ です。向きは，Aが斜

準備

問題を解くに際して，まえもって準備をしておきます。

【手順1 ▶▶】

「橋元流・力学解法ワンパターン」「橋元流・これだけで80点とれる単振動の解法」の手順を示します。

着目！

文字どおり，着目すべき内容の解説です。

END

「準備」や「着目！」の説明が終わったことを示します。

CONTENTS

基は「物理基礎」範囲の復習を含みます。

第1講

力学の基本を復習する

基礎

Theme 1
等加速度運動の公式

Theme 2
物体に働く力の見つけかた

Theme 3
運動方程式

問題演習
運動方程式を立てて解く！

講義のねらい

「物理基礎」で学んだ力学の基本を復習しよう！

Theme 1

等加速度運動の公式

はじめに力学の頻出問題である等加速度運動の公式を復習します。まずは，力学とは何かということについて理解しておきましょう。

Step 1 力学の目的は何か

力学の目的は**「物体」が「いつ」「どこに」あるかを予測すること**です。

「いつ」とは時刻tのことであり，「どこに」は位置xのことですから，式で書けば，たとえば，

$$x = t^2 + 2t + 3$$

のような関係式がわかればよいということですね。

Step 2 物体の運動にはどんな種類があるか

物体の運動にはどんなものがあるでしょうか。簡単な運動から，考えてみます。

動かない――というのも1つの運動に含めると，一番簡単な運動は，

①物体は静止しつづける

というものですね。このとき物体の**速度は0**，**加速度も0**です。

ただし，ここで1つ注意しなければならないことがあります。

たとえば，ボールを鉛直上方に投げると最高点で一瞬，静止します。この「一瞬静止」という運動は，先ほどの「静止しつづける」とはまったく別の運動であることを知っておいてください。

図1-1

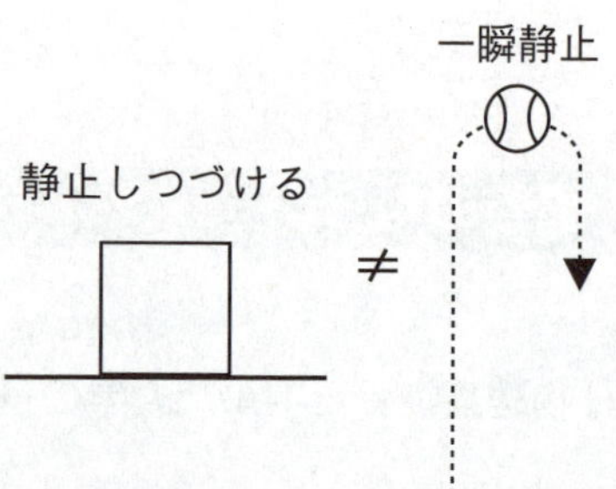

なぜなら，「一瞬静止」の瞬間，速度は0ですが，加速度は0ではないか

らです。

次に簡単な運動は，

②一定の速度で動きつづける運動

です。

これは，等速直線運動と呼ばれる運動です。一定の速度をv_0とすると，「**速度×時間**」が「動いた距離」となりますから，

図1-2

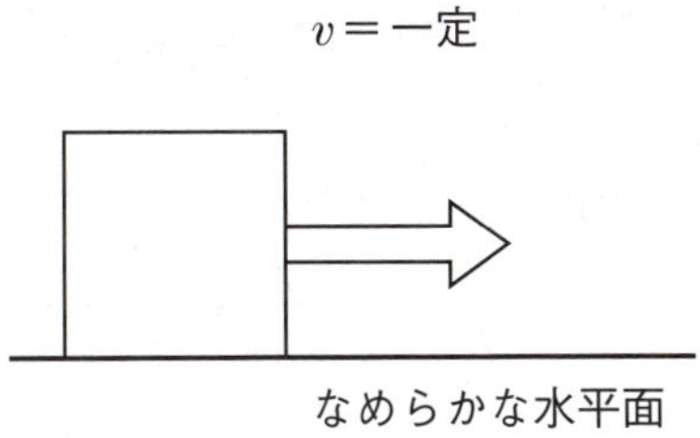

$$x = v_0 t + x_0$$

x_0は，物体が時刻$t = 0$の瞬間にいた位置です。

この等速直線運動の公式は，暗記するようなものではありません。運動をイメージして，すぐに書けるようにしておきましょう。

3番目の運動として，

③等加速度運動

があります。

図1-3

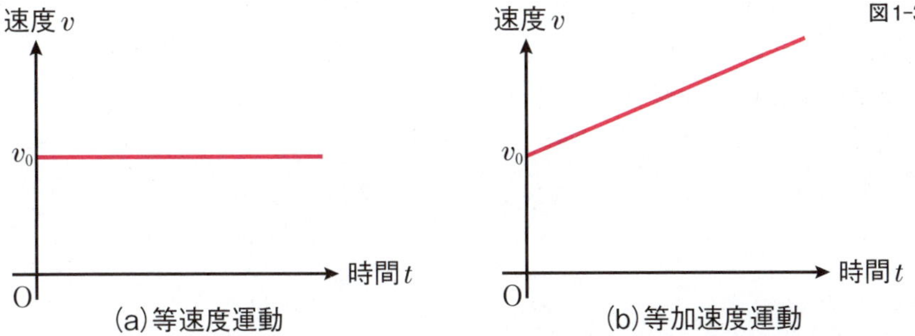

Theme 1の目的は，「物理基礎」で学んだ等加速度運動の公式をあらためて理解し，覚えることです。

ちなみに，

④等加速度運動より複雑な運動

もあります。

高校物理の範囲では，円運動，単振動，万有引力による運動などがあります。これらは，第7講以降で学びます。ほかにも，空気中を落下する物体の運動などがありますが，これは第2講で学びます。

Step 3 等加速度運動の3つの公式

物体の**加速度**をa（一定），**初速度**をv_0，**はじめの位置**をx_0としたときの等加速度運動の公式は次のとおりです。

位置の公式： $x = \frac{1}{2}at^2 + v_0 t + x_0$

速度の公式： $v = at + v_0$

便利な公式： $v^2 - {v_0}^2 = 2a(x - x_0)$

位置の公式と速度の公式は，$v-t$グラフから導くことができますが，便利な公式は丸暗記しておきましょう。

ちなみにこの「便利な公式」という名称はボクだけが使っているので，答案用紙には書かないこと。この公式は，時間を求めずに物体の位置や速さがわかるので，覚えておくと便利なのです。

Theme 2

物体に働く力の見つけかた

物体がいろいろな種類の運動をするのは，その物体に働く力がいろいろだからです。そこで，物体にはどんな力が働くか，その力の見つけかたを知っておきましょう。

実は物体に働く力は，力学のふつうの問題の範囲では，大きく分類すると**たった2種類**しかありません。

それ以外には，慣性力という特殊な力がありますが，これは第6講で学びます。

また，電磁気学や原子物理の分野では，新しい力が出てきますが，それらはまたそのときに学ぶことにしましょう。

ここでは，一番重要な2種類の力を知っておきましょう。

Step 1 重力

まず，1番目の力は**重力**です。

重力は地球上にあるすべての物体に働きます。ものは手からはなすとパッと落ちますね。それは地球が物体を引っ張っているからなんです。

図1-4

重力はmgという記号で書きます。gは**重力加速度**です。mgと書く理由は，第8講Theme 1「万有引力の法則」で明らかになります。

重力はすべての物体に働きます。たとえば，何か1kgのものを手で支えていると少し重く感じますね。また，10kgの重さになると，1kgの10倍の重さがかかります（図1-4）。

図1-5

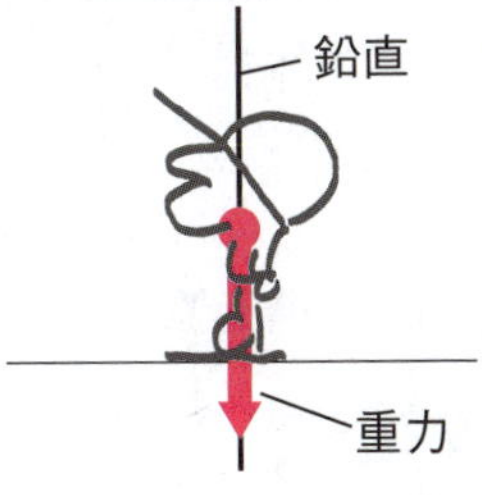

重力mgはいつでも鉛直下向き（真下のこと）です（図1-5）。

物体に働く力を矢印で描くとき，まず，重力mgの矢印を下に描き込むことをやってくださいね。

Step 2 《タッチ》の定理

さて，2番目の力です。ここに黒板消しを置きました。この黒板消しに力を加えたいと思います。まあ，要するに動かしてみたいと思います。さあ，どうやったら動くのでしょうか？

それは黒板消しに手を触れて（**タッチ**して）やれば，ほら，動きますね。棒でつついてみてもいいですね。簡単なことですね。

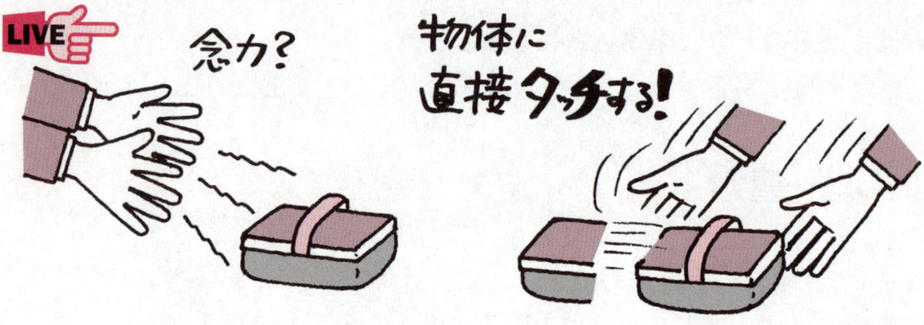

ものに力を加えるには，直接《タッチ》してやればいいんです。念力のような力は存在しません。これが最大にして唯一のポイントです。**物体に力が働くということは，その物体に何かが《タッチ》しているから働くんです。**

すなわち，2番目の力とは，

> **橋元流●《タッチ》の定理**
>
> 物体はその物体に直接触れているもの（**タッチ**しているもの）だけから力を受ける

これを，「**橋元流・《タッチ》の定理**」といいます。

でも，答案には「《タッチ》の定理」と書かないでくださいね。バツをもらうかもしれません。これは，勝手にボクが命名したものなんですから。

もう一度，重力について考えてみましょう。たとえば，空中にあるボールは，地球に直接《タッチ》していないのに，地球から重力を受けます。このように，地球は物体に接触していないのに，物体を引っ張ることができるんです。こちらの方が，念力みたいな奇妙な力ですね。でも，この話は第8講で詳しくやりますので，いまは，とりあえず，「物理の不思議」だと考えてくださいね。では，《タッチ》の定理を使う練習をしましょう。

Step 3 《タッチ》の定理を使う練習をしてみよう！

空中を質量mのボールが飛んでいます（図1-6(a)）。「このボールに働く力を全部矢印で描きなさい」という問題が出たとします。どうでしょうか。

初心者は，よくこういうことをやります。ボールが上に飛んでいくから，「飛んでいく力」があるはずだ（図1-6(b)）。でも，これは大きなマチガイなんですよ！　実はボールには飛んでいく力なんて働いていないんです。

ボールに働く力はまず，重力です。真下に矢印を描きます。それから，何がボールには《タッチ》していますか？

「空気？」そうですね。でも，空気の抵抗力はあとで勉強するので，いまは考えなくていいです。つまり，ボールには何も《タッチ》していないんですね。すなわち，ボールに働く力は重力mgだけになりました（図1-6(c)）。

空中を飛ぶボールに働く力

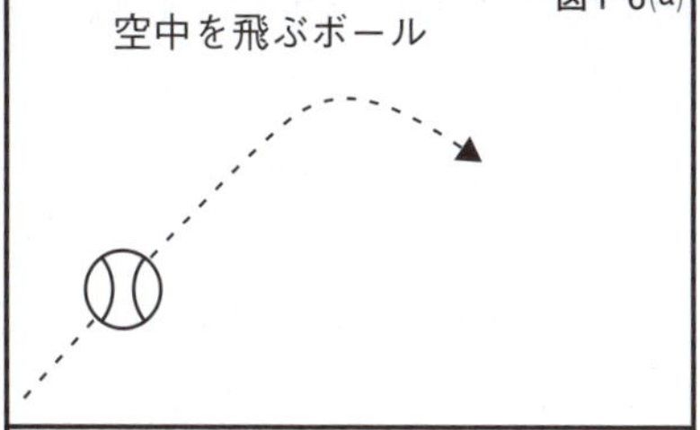

図1-6(a)

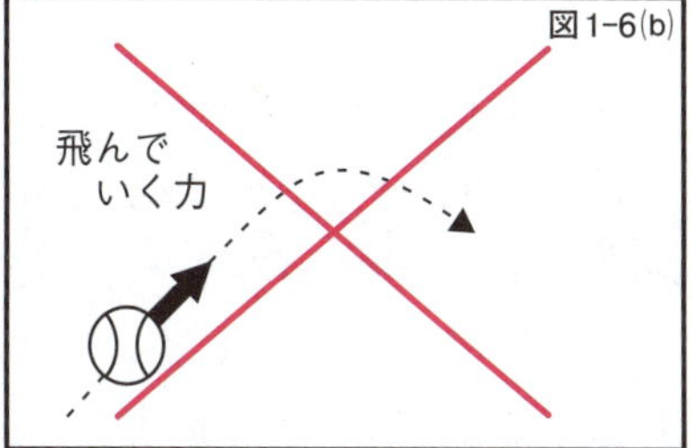

図1-6(b)

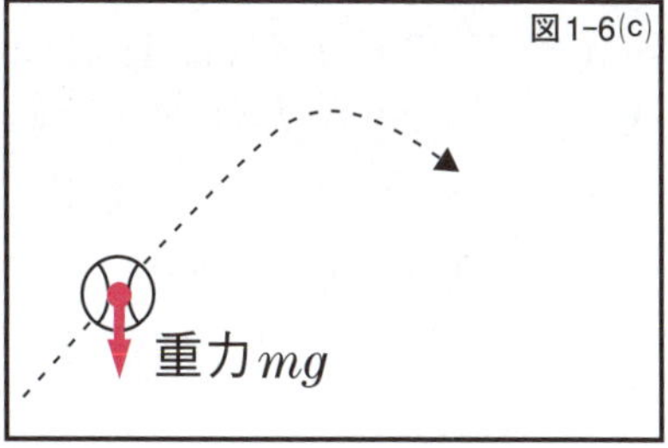

図1-6(c)

「じゃあ，ボールはなぜ，上に飛んでいくの？」と言う人もいるでしょう。実は最初，ボールはバットに打たれた（《タッチ》した）瞬間に衝撃力を受けます（図1-6(d)）。あとはその勢いで飛んでいるだけです。

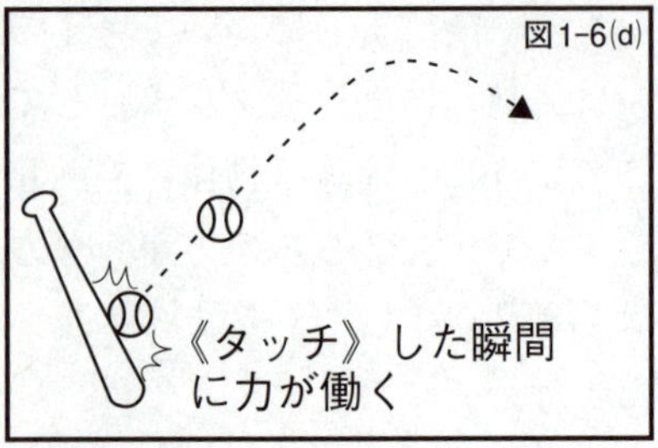

次の図を見てください（図1-7(a)）。問題は「物体B（質量m）に働く力は？」というものです。初心者はばねに惑わされるかもしれません。まずは，重力mgが働きますね（図1-7(b)）。それから，Bに《タッチ》しているものを考えてください。それは糸ですね。ばねは《タッチ》していません。これが大事です。ばねはBに力を及ぼさないんですよ。糸がBに力を及ぼすんです。糸はぶら下がっているBを支えているんですから，上向きに力が働きますね。これを，糸の張力T（tension）としましょうね。1つ1つ物体を見て，何が《タッチ》しているか考えていくのがポイントです。

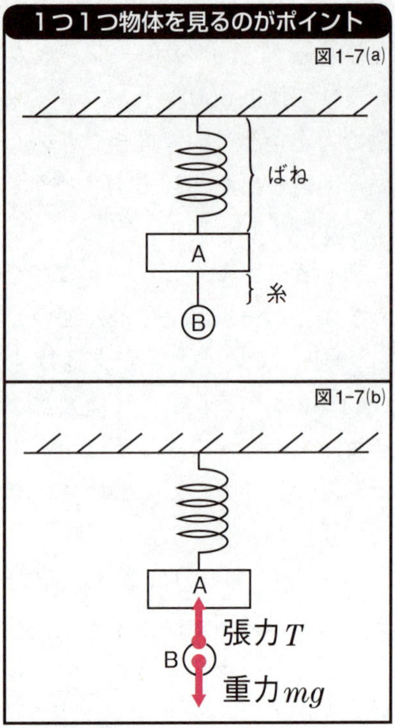

もう一度言います。物体に働く力の見つけかたは，重力とその物体に何が《タッチ》しているか考えること，それだけです。

Theme 3

運動方程式

力学を作り上げたニュートンは，運動の3つの法則を土台にしました。

第1法則	**慣性の法則**
第2法則	**運動方程式**
第3法則	**作用・反作用の法則**

これら3つの法則の中で，もっとも重要なものは第2法則「**運動方程式**」です。なぜなら，物体の運動は，運動方程式を立ててそれを解くことによって求まるからです。

Step 1 運動方程式はカンタンに書ける

$$ma = F$$

運動方程式は，たった3つの文字で書けるので，覚えるのはカンタンですね。しかし，覚えるだけではダメです。その意味をしっかり理解しておきましょう。

Step 2 運動方程式の3つの意味

運動方程式は，物体に働く力と加速度の関係を明瞭に示しています。

①物体は力を加えた方向に加速する

図1-8

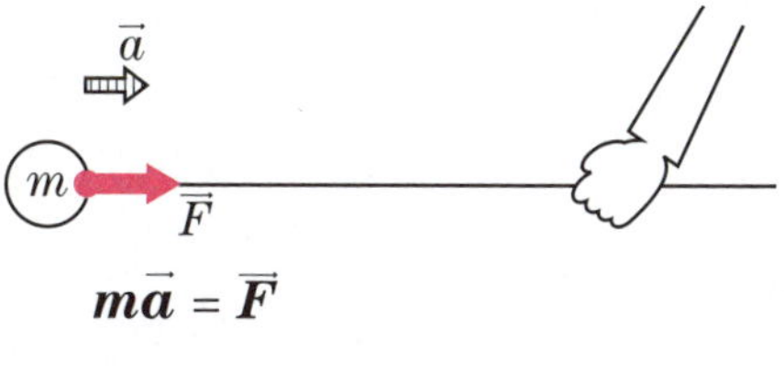

$$m\vec{a} = \vec{F}$$

②力が大きければ加速度も大きい

図 1-9

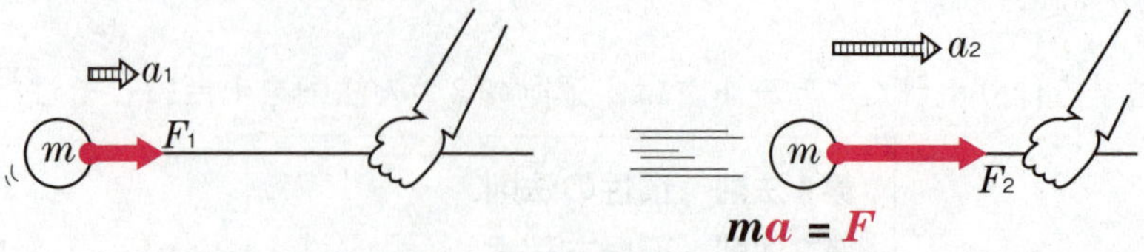

③質量が大きいと加速しにくい

図 1-10

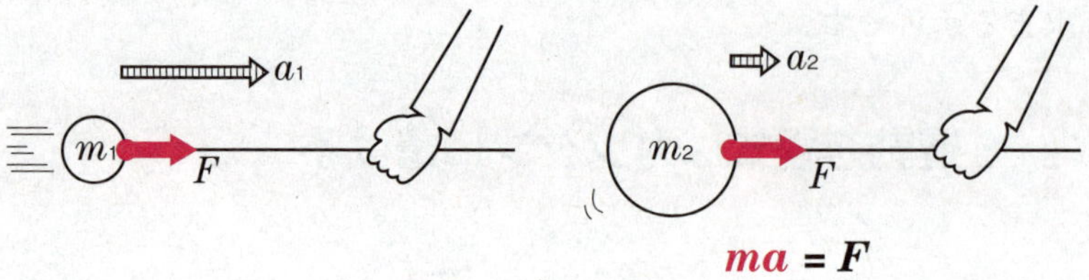

運動方程式は，丸暗記するものではありません。式自体はカンタンですが，その意味を理解しておくことが大事です。

問題演習

運動方程式を立てて解く！

1 質量mの物体に糸をつなぎ鉛直上向きに一定の力で引っ張りつづけたところ，最初静止していた状態から高さhだけ上昇したとき，その速さがVになった。物体に加えつづけた力の大きさはいくらか。ただし重力加速度の大きさをgとし，糸は伸び縮みせず，その質量は無視できるものとする。

図1-11

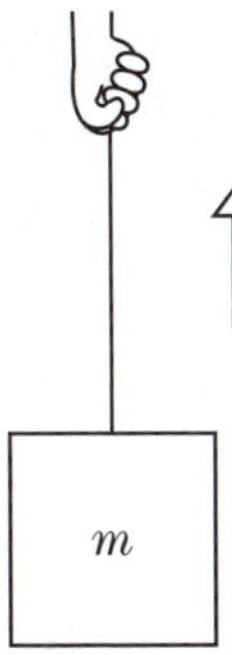

橋元流で解く！

糸を引っ張る力の大きさをFとします。

物体に働く力は，**糸で引っ張る力F**のほかには**鉛直下向きの重力mg**だけですから，鉛直上向きを正方向とし，**物体の加速度の大きさをa**として，運動方程式を立てると，

$$ma = F - mg$$

よって，

$$F = m(a + g) \quad \cdots\cdots ①$$

Fもmgも一定ですから，物体は等加速度運動をします。

図1-12

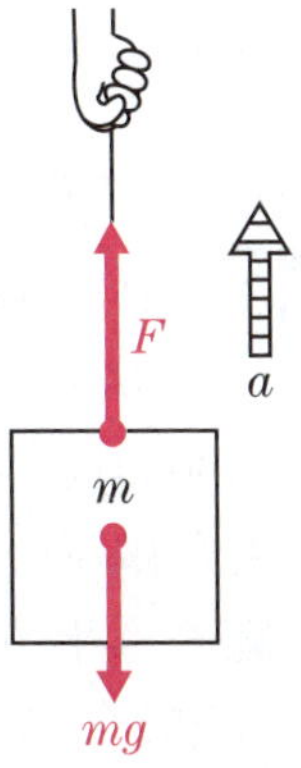

等加速度運動の便利な公式を使うと，

$$V^2 - 0^2 = 2ah$$

となりますから，

$$a = \frac{V^2}{2h} \quad \cdots\cdots ②$$

式①，②より，

$$F = m\left(\frac{V^2}{2h} + g\right) \quad \cdots\cdots \text{答え}$$

図1-13

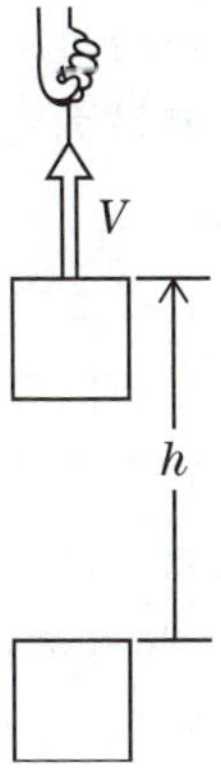

2 水平でなめらかな床の上に，質量がそれぞれm_1, m_2, m_3の直方体A, B, Cが図のように面を接して置かれている。いま直方体Aの左側の面を大きさFの力で水平方向に押しつづけたところ，A, B, Cは一体となって右方向に動いた。AとBが互いに及ぼしあう垂直抗力の大きさをN, BとCが互いに及ぼしあう垂直抗力の大きさをN', A, B, Cの加速度の大きさをaとして，直方体A, B, Cそれぞれの運動方程式を立てよ。また，加速度の大きさaをF, m_1, m_2, m_3を用いて表せ。

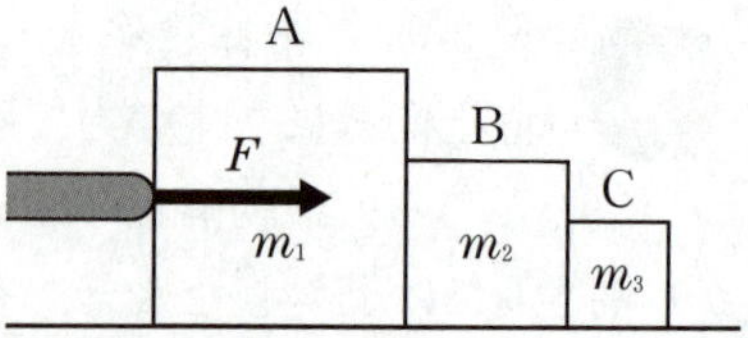

図1-14

橋元流で解く!

準備 直方体A, B, Cは水平方向にだけ動くので，鉛直方向に働く重力と水平面からの垂直抗力は省略し，図に描きません(この2つの鉛直方向の力はつりあっていて，その結果，A, B, Cは鉛直方向には動きません)。

まず直方体Aに着目します。直方体Aに働く水平方向の力は，「**橋元流・《タッチ》の定理**」によって，左の面に《タッチ》している**棒からの力F**と右の面に《タッチ》している**Bからの垂直抗力**だけです。この垂直抗力の向きはいうまでもなく左向きで，その大きさはNです。 END

図1-15

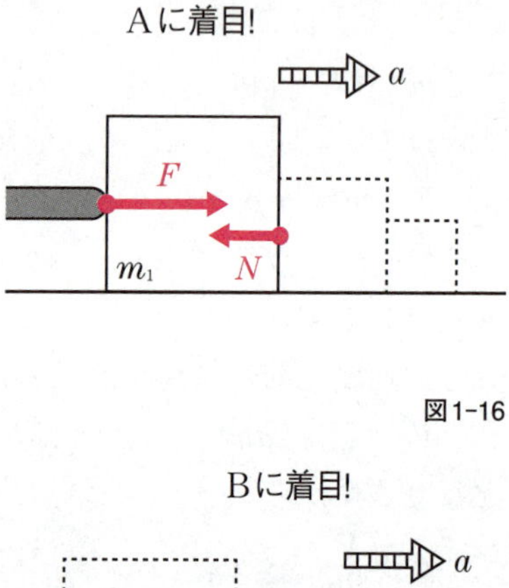

水平右方向を正方向として，Aの運動方程式を書けば，

$$m_1a = F - N \quad \cdots\cdots ①$$ 答え

次に直方体Bに着目します。Bに《タッチ》しているのは左側からA,

図1-16

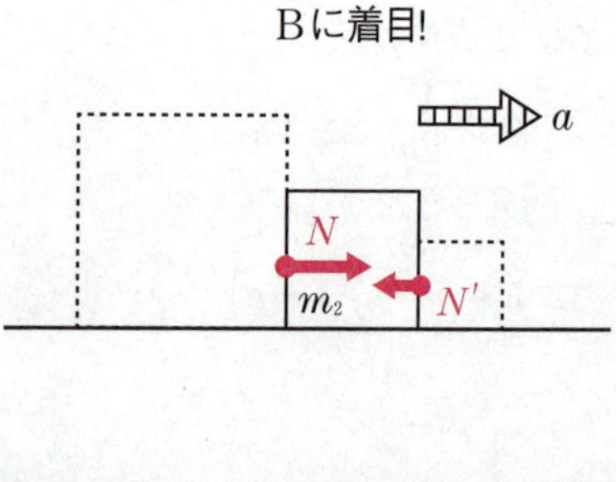

右側からCですから，Bに働く力は，Aから右向きにN，Cから左向きにN'です。

よって，Bの運動方程式は，

$$m_2 a = N - N' \quad \cdots\cdots ②$$ 答え

次に直方体Cに着目します。Cに《タッチ》しているのは左側からBだけですから，Cに働く力は，Bから右向きにN'だけです。

図1-17

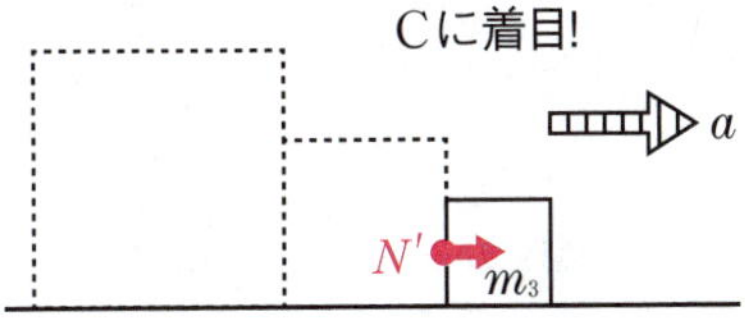

よって，Cの運動方程式は，

$$m_3 a = N' \quad \cdots\cdots ③$$ 答え

式①＋②＋③とすると，右辺のN，N'が消えます。

$$(m_1 + m_2 + m_3)a = F$$

よって，

$$a = \frac{F}{m_1 + m_2 + m_3} \quad \cdots\cdots$$ 答え

Coffee Time

三角関数の便利な公式

三角関数にはさまざまな公式があり，それらを上手に使えば，問題を簡単に解くことができます。ここでは，本書の問題を解くときに役立つ「三角関数の相互関係」と「三角関数の2倍角の公式」について復習します。

◎三角関数の相互関係

$$\tan\theta = \frac{\sin\theta}{\cos\theta}$$

$$\sin^2\theta + \cos^2\theta = 1$$

$$1 + \tan^2\theta = \frac{1}{\cos^2\theta}$$

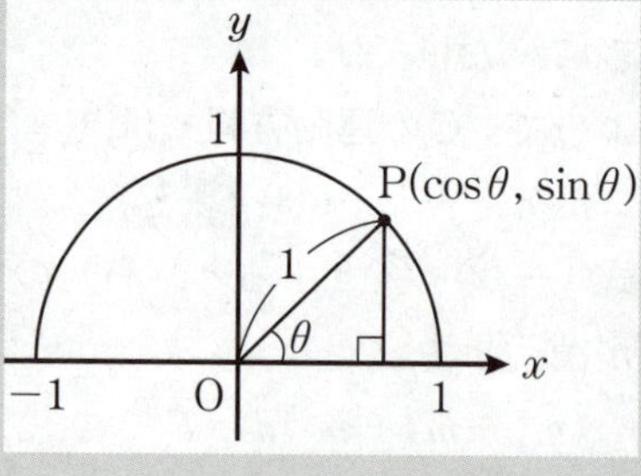

◎三角関数の2倍角の公式

$$\sin 2\theta = 2\sin\theta\cos\theta$$

$$\cos 2\theta = \cos^2\theta - \sin^2\theta = 1 - 2\sin^2\theta = 2\cos^2\theta - 1$$

$$\tan 2\theta = \frac{2\tan\theta}{1 - \tan^2\theta}$$

これらの式は具体的にどうやって使うのでしょう？　それは複雑に見える式を簡単にしたいときです。

たとえば，$(v_0\cos\theta \cdot T)^2 + (v_0\sin\theta \cdot T)^2$ という式は一見複雑ですが，

$$(v_0\cos\theta \cdot T)^2 + (v_0\sin\theta \cdot T)^2 = v_0^2\cos^2\theta \cdot T^2 + v_0^2\sin^2\theta \cdot T^2 = v_0^2(\cos^2\theta + \sin^2\theta) \cdot T^2 = v_0^2 \cdot T^2$$

のように，$\sin^2\theta + \cos^2\theta = 1$ を使って，簡単な式にすることができます。これは第2講の問題演習❷でも使っています。ぜひ扱いに慣れておきたいですね。

第2講

等加速度運動を解く

基礎

Theme 1
「橋元流・力学解法ワンパターン」

Theme 2
放物運動

Theme 3
最高点の高さと水平到達距離を求める

Theme 4
床との繰り返し衝突

Theme 5
空気中を落下する物体に働く抵抗

問題演習
摩擦のある斜面と滑車の問題を解く！
空中での衝突の問題を解く！
床との繰り返し衝突の問題を解く！

講義のねらい

「橋元流・力学解法ワンパターン」にのっとれば，応用問題もコワくない！

Theme 1

「橋元流・力学解法ワンパターン」

力学の解法は，実は3種類しかありません。まずその3つを紹介しておきましょう。

①運動方程式を立てて解く
その特別の場合として，力のつりあいの式を立てて解く
②仕事とエネルギーの関係式を立てて解く
その特別の場合として，力学的エネルギー保存則の式を立てて解く
③力積と運動量の関係式を立てて解く
その特別の場合として，運動量保存則の式を立てて解く

②については第3講で，③については第4講で学びます。

①の「運動方程式」は，第1講で復習しましたね。この「運動方程式」を用いて問題を解く方法は，解法の手順が決まっているのです。ですから，その手順を覚えてしまえば，どんな問題に対しても同じ方法で解くことができます。

それでは，**「橋元流・力学解法ワンパターン」**を紹介しましょう。

【手順1 ▶▶】着目する物体を決めよ

図2-1(a)では斜面上に1つ物体があるだけですが，問題によってはA，B，C，……など複数個の物体が出てくる問題もあります。このとき，**どの物体に着目するか**はきわめて重要です。場合によっては，1つだけではなく，A＋Bという2つの物体に着目する方が簡単に解けるということもあるのです。

手順をおさえよう！

図2-1(a)

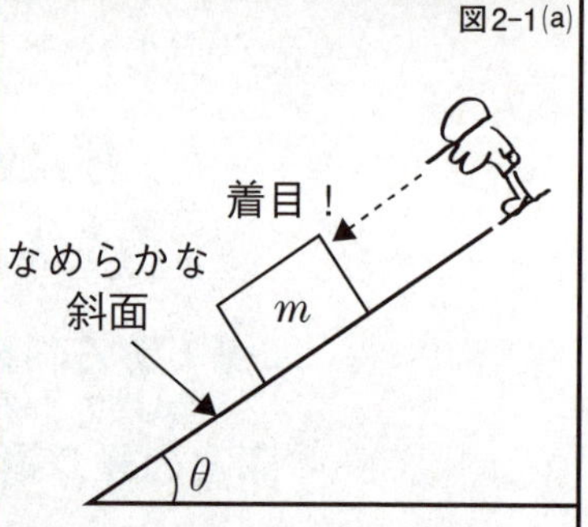

【手順2▶▶】着目する物体に働く力をすべて矢印で描け（このとき《タッチ》の定理を使う）

第1講でやったように，物体に働く力は重力と《タッチ》の定理による力でした。

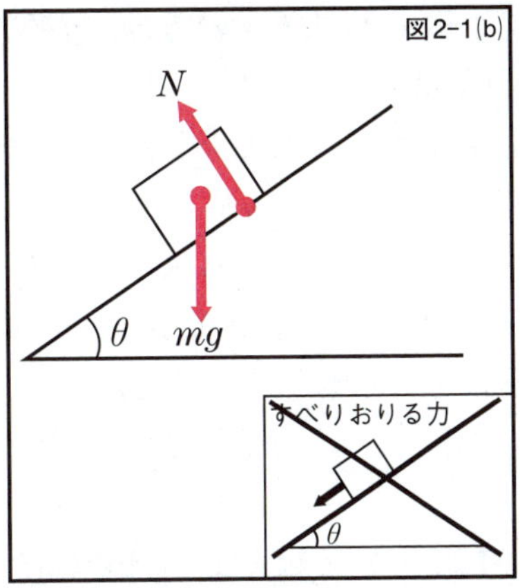

図2-1(b)でいえば，物体に働く重力が鉛直下向きにmg，そして，《タッチ》している斜面からの垂直抗力（これをNとしておきます），これですべてです（斜面に摩擦がない場合）。

《タッチ》の定理を無視して，「下向きにすべりおりる力」なんて勝手に描かないようにしてください。

【手順3▶▶】座標軸$x-y$を決めよ

座標軸$x-y$をとる理由は，x軸方向の運動を考えるときにはy軸方向のことは考えなくてよく，y軸方向の運動を考えるときにはx軸方向のことは考えなくてよいからです。**2つの方向の運動は独立していて，別々に考えればよいのです。**

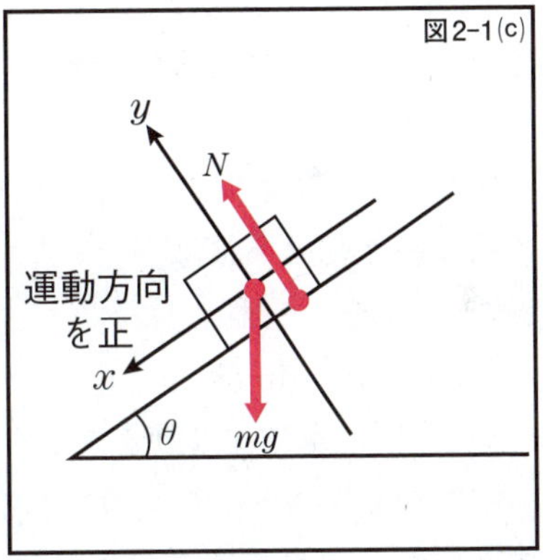

どの方向にx軸，あるいはy軸をとるかは重要です。下手な方向にとると，問題が解けなくなります。どの方向にとるかは，1つの原則があります。

「**直線運動の場合は，x軸の正方向を物体の移動方向にとる**」のが，たいていの場合，便利です。

図2-1(c)のように斜面上をすべりおりる物体であれば，斜面に沿って下向きにx軸をとります。

【手順4 ▸▸】力をx軸方向，y軸方向に分解せよ

座標軸に対してななめになっている力は，x軸方向とy軸方向に分解します。

図2-1(d)のように水平に対してθの角をなしている斜面なら，重力mgのx成分（の大きさ）は$mg\sin\theta$, y成分（の大きさ）は$mg\cos\theta$になります。

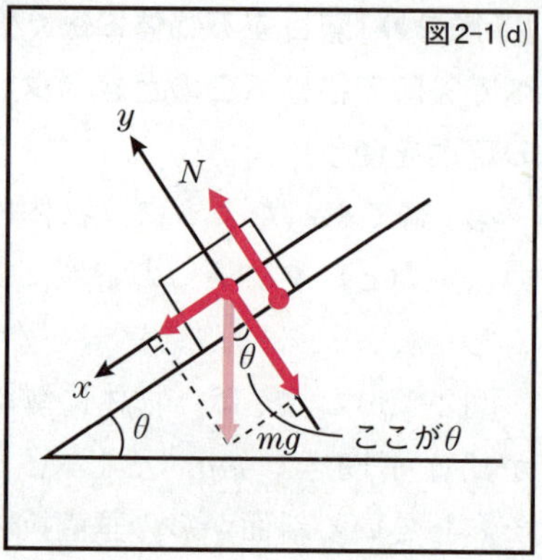

【手順5 ▸▸】x軸方向，y軸方向別々に式を立てよ

1. 物体が（その軸の方向に）**静止しつづけている（または等速度運動している）ときは，**（その軸の方向の）**力のつりあいの式を立てる。**

2. 物体が（その軸の方向に加速度）**運動するときは，**（その軸の方向の）**運動方程式$ma=F$を立てる。**

【手順4】まで準備しておいて，運動方程式（あるいは力のつりあいの式）を立てます。

図2-1(e)のような斜面をすべりおりる物体の運動であれば，

x軸方向の運動方程式は，

$$ma = mg\sin\theta \quad \cdots\cdots①$$

y軸方向には物体は動きませんから，y軸方向は力のつりあいの式となります。面からの垂直抗力Nと重力のy軸成分がつりあっているので，

$$N = mg\cos\theta \quad \cdots\cdots②$$

となります。

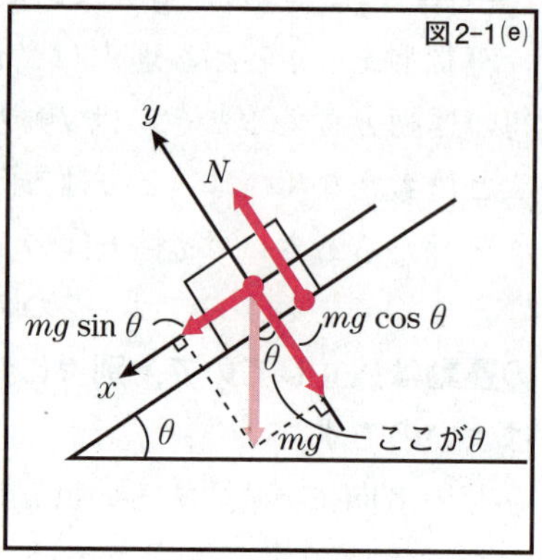

【手順6 ▸▸】連立方程式として解いて，加速度や力を求めよ

【手順5】の運動方程式やつりあいの式を解くことによって，物体の加速度や未知の力を求めることができます。連立方程式として解くこともあり

ますが，等加速度運動の場合は物体に働く力や加速度が一定ですから，簡単に求まります。

式①より，

$a = g\sin\theta$

式②より，

$N = mg\cos\theta$

こうして斜面をすべりおりる加速度と斜面からの垂直抗力が求まります。

【手順7▶▶】等加速度運動であれば，等加速度運動の公式を適用して，位置，速度，時間などを求めよ

第1講で覚えた等加速度運動の公式を使えば，位置や速度や時間など，問われている量を求めることができます。

位置の公式：$x = \frac{1}{2}at^2 + v_0 t + x_0$

速度の公式：$v = at + v_0$

便利な公式：$v^2 - v_0^2 = 2a(x - x_0)$

この解法は少し時間がかかりますが，一本道ですのではじめは解説を見ながら，慣れれば頭に叩き込んで，どんどん問題を解きましょう。問題によっては，以上の手順のどれかを省略することもできます。

橋元流●力学解法ワンパターン

【手順1▶▶】 着目する物体を決める
【手順2▶▶】 着目する物体に働く力を矢印で描く
【手順3▶▶】 座標軸$x-y$を決める
【手順4▶▶】 力の矢印をx軸方向，y軸方向に分解する
【手順5▶▶】 x軸方向，y軸方向別々に力のつりあいの式か運動方程式を立てる
【手順6▶▶】 連立方程式で加速度や力を求める
【手順7▶▶】 等加速度運動なら等加速度運動の公式を使う

問題演習

摩擦のある斜面と滑車の問題を解く！

1 水平とθの角をなす粗い斜面上に質量Mの直方体Aが置かれている。直方体のなめらかな上面には，質量mの小物体Bが置かれ，AとBは図のように，斜面上のなめらかな定滑車を通して軽くて伸び縮みしない糸で結ばれている。はじめ，糸をぴんと張ったままAとBを固定しておき，それから固定をはずすと，直方体Aは斜面に沿って下向きにすべりはじめ，小物体BはAの上面を上向きにすべりはじめた。BがAの上面を距離lだけすべったときの，静止した人から見た直方体Aと小物体Bの速さを求めよ。ただし，重力加速度の大きさをg，直方体Aと斜面の間の動摩擦係数をμとし，直方体Aの上面は十分長く小物体BはAの上面から落ちることはないものとする。

図2-2

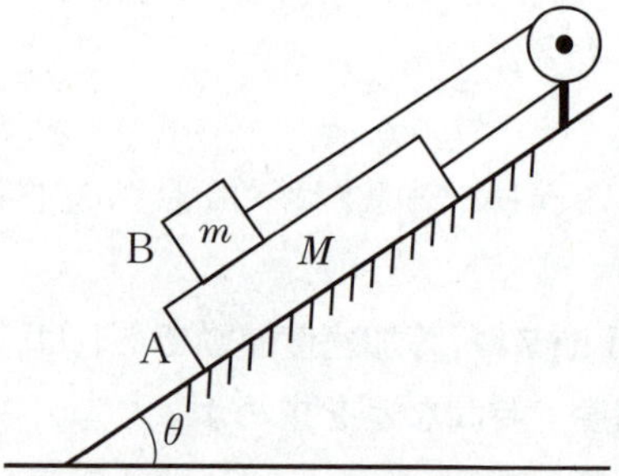

橋元流で解く！

準備 Theme 1の「**力学解法ワンパターン**」の手順通りに解いていきます。

【手順1 ▶▶】まず小物体Bに着目します。

【手順2 ▶▶】小物体Bに働く力をすべて矢印で描きます。

まず鉛直下向きに**重力mg**。次にBに《タッチ》しているものは，**糸**と**直方体Aの上面**です。糸からは斜面に沿って上向きに力を受けているはずですから，その大きさをTとしておきます。またAの上面はなめらかなので，Bが

力学解法ワンパターンで解く！

図2-3(a)

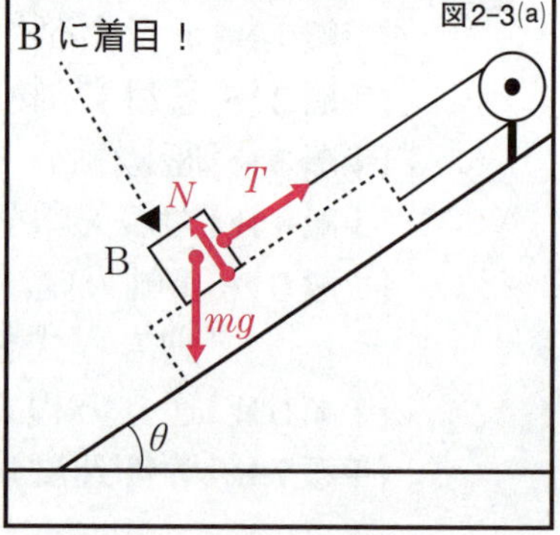

Aから受ける力は垂直抗力だけです。その大きさをNとしておきます。

【手順3▶▶】座標軸は，**小物体Bが動くAの上面に沿って上向きをx軸正方向**とします。そして，それに垂直にy軸をとります。

【手順4▶▶】力の分解。重力mgが座標軸に対してななめの力なので，x軸方向とy軸方向に分解します。x軸負方向に$mg \sin \theta$，y軸負方向に$mg \cos \theta$となります。

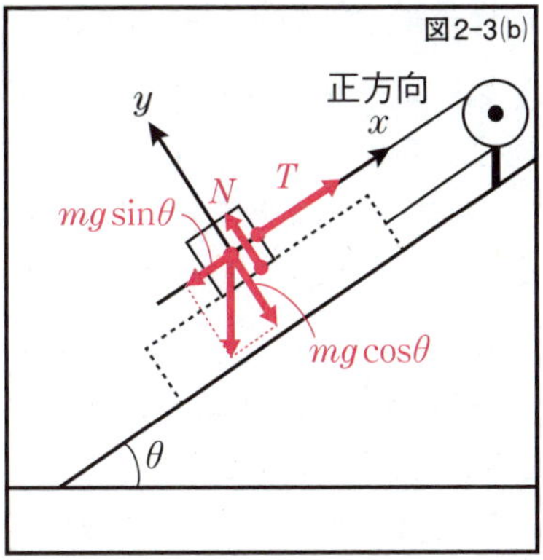

【手順5▶▶】x軸方向，y軸方向別々に式を立てます。

まずx軸方向には加速度運動していますので，運動方程式を立てます。加速度をaとして，

$$ma = T - mg \sin \theta \quad \cdots\cdots ①$$

y軸方向には動きませんので，力のつりあいの式を立てます。

$$N = mg \cos \theta \quad \cdots\cdots ②$$

着目!　これだけでは，まだ解けませんので，次に【手順1▶▶】直方体Aに着目して，同じ手順をたどります。

【手順2▶▶】直方体Aに働く力をすべて矢印で描きます。

鉛直下向きに**重力Mg**。Aに《タッチ》しているものは，**糸**，**斜面**，**小物体B**の3つです。糸から受ける力の大きさは，糸が軽くて伸び縮みせず，滑車もなめらかなので，小物体Bが糸から受ける力の大きさTと同じです。

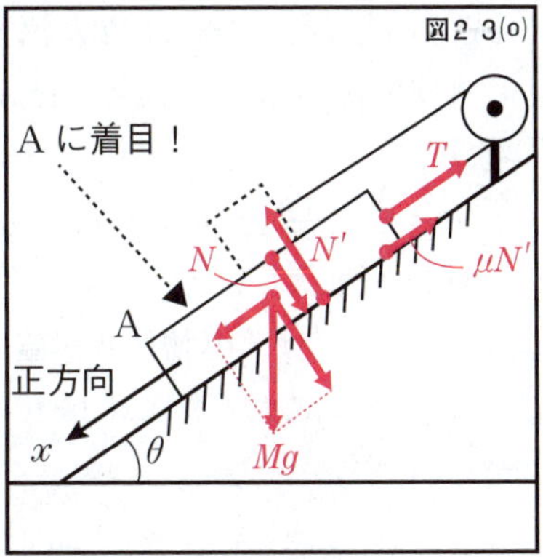

斜面からは動摩擦力と垂直抗力の2つの力を受けます。斜面からの垂直抗力の大きさをN'とすると，動摩擦力の大きさは$\mu N'$です。向きは，Aが斜

面に沿って下向きに動いていますので，斜面に沿って上向きです。

次にAが小物体Bから受ける力を見落としてはいけません。AとBの間はなめらかなので，AはBから垂直抗力だけを受けます。その大きさは式②のNです。なぜなら，BがAから受ける垂直抗力とAがBから受ける垂直抗力は，**作用・反作用の法則**で，向きは逆向き，大きさは同じだからです。

【手順3▶▶】座標軸は，**Aが動く斜面に沿って下向きをx軸正方向**とします。y軸はそれに垂直です。

【手順4▶▶】重力Mgが座標軸に対してななめなので分解します。x軸正方向に$Mg\sin\theta$，y軸負方向に$Mg\cos\theta$となります。 END

【手順5▶▶】x軸方向には運動方程式を立てます。このとき，**Bの加速度とAの加速度の向きは逆ですが，大きさは同じ**はずです。なぜなら，BとAは糸でつながれているからです。そこで，x軸方向の加速度はaですから，

$$Ma = Mg\sin\theta - T - \mu N' \quad \cdots\cdots③$$

となります。またy軸方向の力のつりあいは，

$$N' = N + Mg\cos\theta \quad \cdots\cdots④$$

以上で，必要な式はすべて出そろいました。

【手順6▶▶】式①〜式④を連立方程式で解きます。

式②と式④から，

$$N' = (M+m)g\cos\theta$$

となるので，これを式③に代入します。

$$Ma = Mg\sin\theta - T - \mu(M+m)g\cos\theta \quad \cdots\cdots③'$$

式①＋式③′とすると，Tが消去でき，未知数aだけを含む式ができます。

$$(M+m)a = (M-m)g\sin\theta - \mu(M+m)g\cos\theta$$

よって，

$$a = \frac{M-m}{M+m}g\sin\theta - \mu g\cos\theta$$

【手順7▶▶】aは一定ですから，等加速度運動の公式を使います。

求めるものは「**小物体Bが直方体Aの上面を距離lだけすべったときの速さ**」です。これを解くのにもっとも適した公式は，等加速度運動の便利な公式です。

便利な公式：$v^2 - v_0{}^2 = 2a(x - x_0)$

ここで注意すべきことは，公式の（$x-x_0$）にそのままlを当てはめてはいけないということです。

なぜなら，斜面に対して静止している人から見たとき，Aは斜面に対して下向きに，Bは斜面に対して上向きに動いているので，BがAに対してlだけすべる瞬間というのは，静止している人から見て，Aは下向きに$\frac{l}{2}$，Bは上向きに$\frac{l}{2}$進んだときだからです。

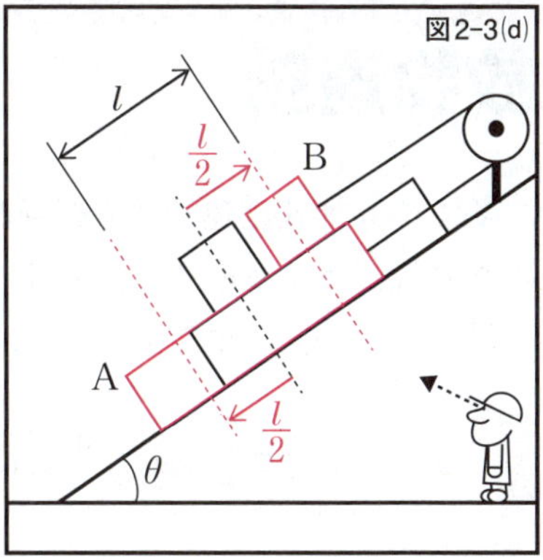

図2-3(d)

そこで，公式の（$x-x_0$）には$\frac{l}{2}$を代入します。

$v_0=0$ですから，求める速さをVとすれば，

$$V^2=2a\cdot\frac{l}{2}=al$$

よって，**【手順6】**で求めたaを用いて，

$$V=\sqrt{al}=\sqrt{gl\left(\frac{M-m}{M+m}\sin\theta-\mu\cos\theta\right)}$$ ……答え

Theme 2

放物運動

多くの等加速度運動は直線運動ですが，ボールをななめに空中に投げ上げた場合には，ボールは放物線を描きますね。放物線は直線に比べて複雑に見えますが，実はTheme 1の**力学解法ワンパターン**で解けるのです。

Step 1 空中を飛んでいるボールに着目

【手順1▶▶】空中を飛んでいるボール（質量m）に着目しましょう。そして，**【手順2▶▶】**このボールに働く力をすべて矢印で描きます。

しかし，ボールに《タッチ》しているものはありません（本当は，空気が《タッチ》していますが，ここでは空気抵抗を無視することにします）。そこで，ボールに働く力は鉛直下向きの重力mgだけということになります。

ボールに働く力は？

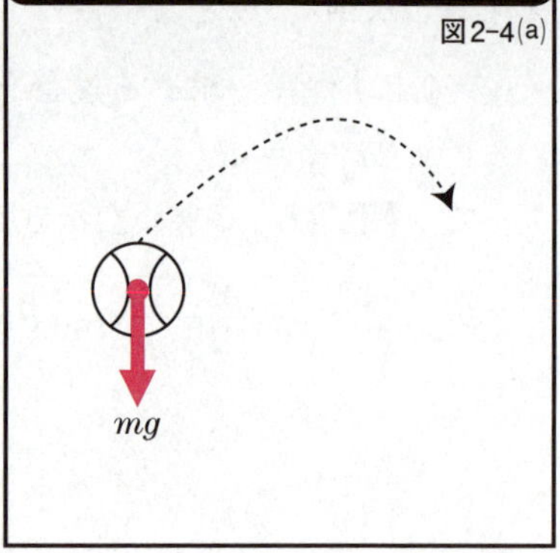

Step 2 水平方向と鉛直方向に分けて考える

【手順3▶▶】座標軸$x-y$を決める。放物運動は直線運動ではないので，ボールが動く方向を座標軸にとるわけにいきません。そんなことをしたら，刻々と座標軸の向きが変化することになってしまいます。ではどうするか？

話は単純で，ボールに働く唯一の力である重力を分解する必要のない方向にとるのです。

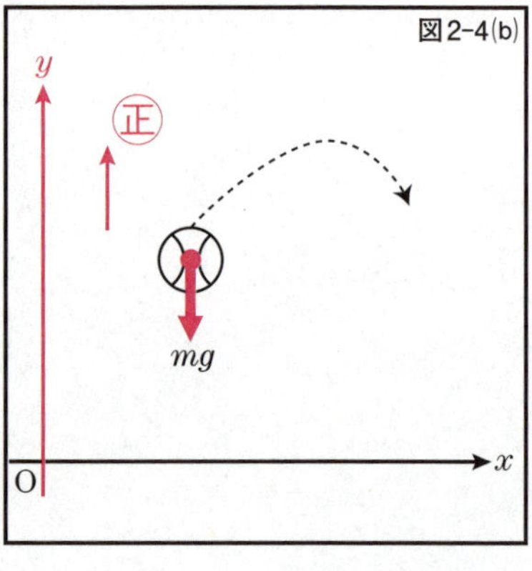

つまり，放物運動では，**水平方向をx軸**，**鉛直上向きをy軸**ととるのが基本です。

重力は鉛直下向きなので，y軸の正方向を鉛直下向きにとる方法もあるのですが，原則，鉛直上向きを正としておく方が，間違いが少ないです。

さて，このように座標軸をとると**【手順4▶▶】**力の分解は必要ありません。つづいて，**【手順5▶▶】**x軸方向，y軸方向を別々に考えることにしましょう。

Step 3 水平（x軸）方向の運動をチェック！

まず，ボールの運動のうち，水平方向の運動にだけ注目して考えてみましょう。ボールに働く力は鉛直下向きの重力だけなので，水平方向に力は働いていませんね。よって，水平方向では，ボールに働く力$F=0$　つまり，運動方程式で考えると$ma=0$です。

そして，ボールの質量mが0ということはないですから，$a=0$ですね。

加速度aが0ということは，**等速度運動**です。**ボールは水平方向に等速度運動**をするんですね。ボールはふわっと曲線を描いて飛んで放物運動をするのに，等速度運動なんて不思議だと思いますか？

しかし，こんなふうにイメージしてみましょう。太陽が真上からボールに照りつけているとします（図2-5）。

図2-5

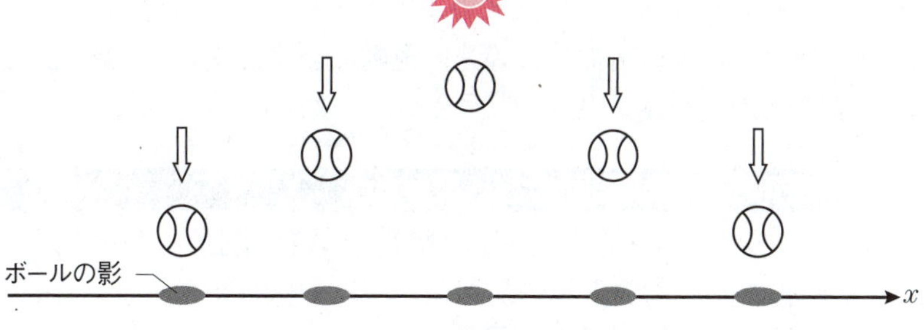

ボールはふわっと飛んでいますが，太陽に照りつけられているボールの影は地面の上をどのように動いているでしょうか？　ボールが高く飛んで

いようが，低かろうが，影はずーっとまっすぐに一定の速度で動いてはいませんか？　これは速度が変わらない「等速度運動」ですね。すなわち，**水平（x軸）方向にボールは等速度運動**をするのです。

Step 4 鉛直（y軸）方向の運動をチェック！

ボールの鉛直方向の運動はどうなるでしょうか（図2-6）。鉛直方向に働く力は下向きに重力mgですね。座標軸は，常に上向きを正にとっていますから，この**重力mgは負の力**になります。ここがポイントです。

図2-6

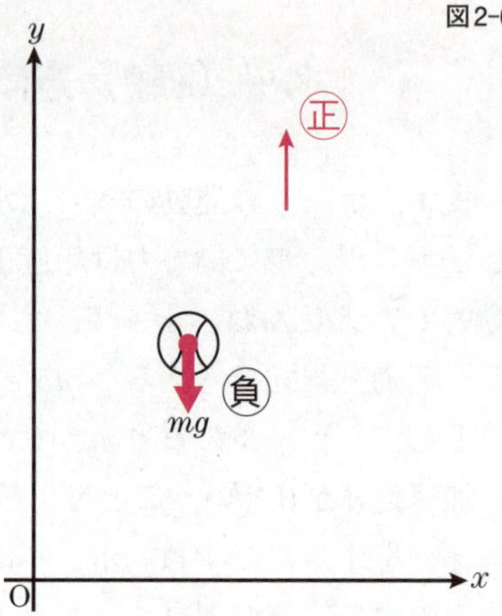

y軸方向の運動方程式を立てます。

$ma = -mg$（下向きに注意！）

$\therefore \quad \boldsymbol{a = -g}$

gは「重力加速度」と呼ばれている特別な加速度でしたね。その大きさは$9.8\mathrm{m/s^2}$という一定の値です。つまり，物体は正の向きとは逆向きに（つまり，ボールが上向きに飛んでいるときは，減速しながら）等加速度運動をしているということです。

「放物運動」って難しく見えますが，横には一定の速度で動いている，縦には一定の加速度で動いているという2つの運動の組みあわせに過ぎないんです。要するにx軸方向には等速度運動の公式を使い，y軸方向では等加速度運動の公式を使えばいいんです。

橋元流●放物運動のとらえかた

ふわっと空中を飛ぶボールの運動（放物運動）は…
水平方向に**等速度運動**
鉛直方向に**等加速度運動**

Step 5 放物運動の公式を導く！

ある適当な場所からボールが飛び出すと考えましょう。

図2-7(a)を見てください。はじめの位置をx軸方向にx_0，y軸方向にy_0としておきます。そして，ななめに初速度の大きさv_0で飛び出すと考えましょう（図2-7(b)）。

この速度の矢印は力ではありませんが，「力の分解」と同じようにx軸方向とy軸方向に分解することができます。ふつうは図2-7(c)のように水平となす角θが与えられているので，もう慣れたと思いますが，三角比を使います。すると，x軸方向の成分は$v_0 \cos\theta$。これはx軸方向の初速度ですね。ボールの影をイメージしてください。x軸方向に$v_0 \cos\theta$の速さで影が動くんです。

y軸方向も同様にして$v_0 \sin\theta$となり，これがy軸方向の初速度となります。

さあ，次は等速度運動と等加速度運動の公式を適用すればいいんです。**x軸方向とy軸方向は別々に**考えます。

放物運動の速度の分解

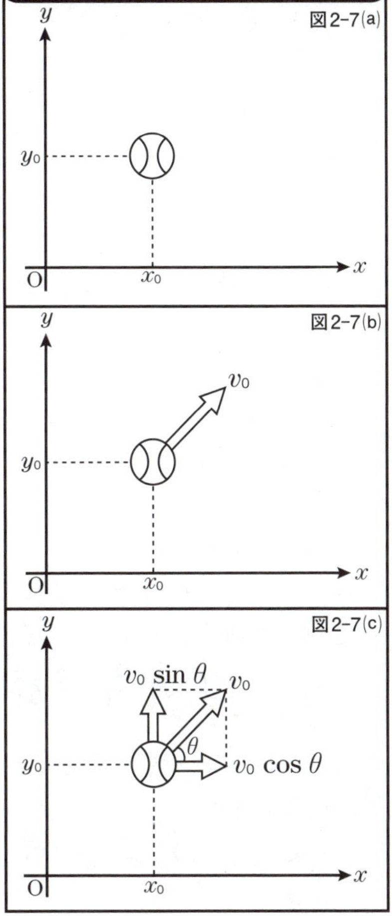

水平方向の公式を導く

x軸方向の運動を等速度運動の公式に当てはめます。

等速度運動の公式（等加速度運動の公式で加速度$a = 0$とすればよい）は，

位置　$x = v_0t + x_0$

速度　$v = v_0$（速度一定）

でした。

まずは位置の公式から。x軸方向の初速度は$v_0 \cos\theta$ですね。等速度運動の公式に値を代入しましょう。

位置　$$x = v_0\cos\theta\cdot t + x_0$$（はじめの位置はx_0）

次は速度の公式です。

$$v_x = v_0\cos\theta$$（速度一定）

x軸方向の速度なので，v_xとしておきました。

鉛直方向の公式を導く

今度はy軸方向の運動です。y軸方向の運動は等加速度運動でしたね。

等加速度運動の公式

位置　$x = \dfrac{1}{2}at^2 + v_0t + x_0$

速度　$v = at + v_0$

において，加速度$a = -g$，y軸方向の初速度は$v_0 \sin\theta$です。y軸方向の位置なので，xとはせずyとして，値を代入すると，

$$y = -\frac{1}{2}gt^2 + v_0\sin\theta\cdot t + y_0$$（はじめの位置はy_0）

y軸方向の速度v_yも求めましょう。$a = -g$，初速度$v_0 \sin\theta$を等加速度運動の速度の公式に代入します。すると，

$$v_y = -gt + v_0\sin\theta$$

この4つの公式は，実はななめの投げ上げだけでなく，自由落下や鉛直投げ上げ（投げ下ろし）などの重力だけが働く物体の運動全般に適用できます。無理に覚える必要はなく，等加速度運動の公式を覚えておいて，そこから放物運動の公式をすぐに導けるように練習しておきましょう。

Theme 3

最高点の高さと水平到達距離を求める

放物運動の公式を使って，問題をどう解くかを考えてみましょう。ここで学ぶことは放物運動の基本ですが，これがTheme 4の少し難しい応用問題の解法につながっていくのです。

Step 1 まずは4つの公式を全部書き出しておく

地上から初速度の大きさv_0，水平に対してθの角度にボールを投げ上げるとします。ボールを投げ上げる地点を座標の原点とし，投げ上げた瞬間を時刻$t = 0$とします。

そして，時刻tにおけるボールの位置と速度の公式を4つ書き出しておきます（図2-8では，原点から投げ上げるように描いていますが，公式には時刻$t = 0$のボールの位置をx_0，y_0としてあります）。

図2-8

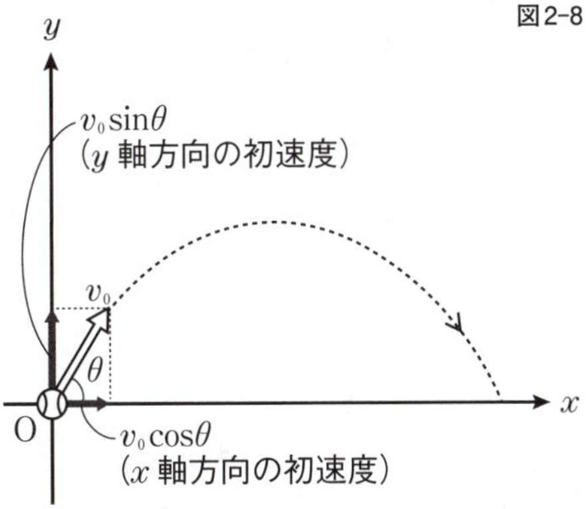

x軸（水平）方向の運動に関する公式

$$x = v_0\cos\theta \cdot t + x_0 \quad \cdots\cdots [\text{I}]$$

$$v_x = v_0\cos\theta \ (\text{一定}) \quad \cdots\cdots [\text{II}]$$

y軸（鉛直）方向の運動に関する公式

$$y = -\frac{1}{2}gt^2 + v_0\sin\theta \cdot t + y_0 \quad \cdots\cdots [\text{III}]$$

$$v_y = -gt + v_0\sin\theta \quad \cdots\cdots [\text{IV}]$$

4つの式の中には，使わないものもあるかもしれませんが（とくに式

［Ⅱ］はあたりまえのことなので，あまり使いませんが)，ともかく最初のうちは4つとも書き出しておきましょう。

Step 2 滞空時間から水平到達距離を求める

図2-9のように，ボールの投げ上げ地点を原点Oとし，ボールが再び地上に落下する点のx座標（水平到達距離）をXとします。放物運動の典型的な問題の1つは，この水平到達距離Xを求めることです。

図2-9

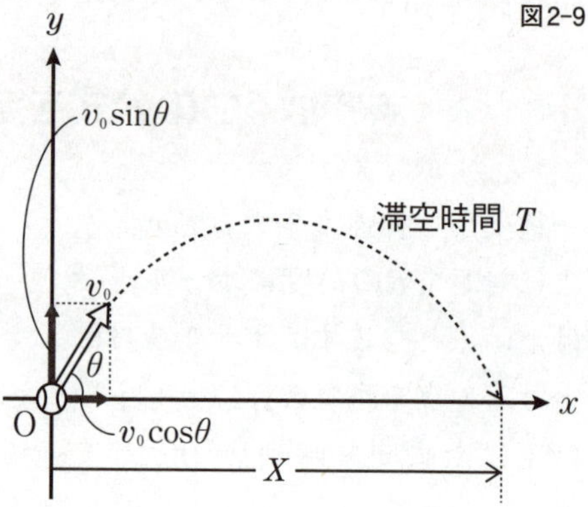

まず，水平到達距離Xを求めるにはどうすればよいか，考えてみましょう。x座標を求めるのですから，Step 1の式［Ⅰ］を使えばよいですね。

$$x = v_0 \cos\theta \cdot t \quad \cdots\cdots ①$$

しかし，すぐに答えが出るわけではありません。式①の右辺には時刻tがありますから，**ボールが地上に落ちてくる時刻**がわからないと，そのときのxの値もわからないわけです。

そこで，ボールが地上に落ちてくる時刻（つまりボールの滞空時間）は，どのようにすればわかるか考えてみましょう。

「地上に落ちてくる」とは，地上からの高さが0になるということですね。地上からの高さとは，鉛直上向きにとったy座標のことですから，Step 1の式［Ⅲ］を使います。

$$y = -\frac{1}{2}gt^2 + v_0 \sin\theta \cdot t \quad \cdots\cdots ②$$

この式で，ボールが地上に落ちてくる時刻（滞空時間）をTとおいてみます。このとき，地上からの高さが0ですから，$y=0$ですね。そこで，式②において，$t=T$のとき，$y=0$として，

$$0 = -\frac{1}{2}gT^2 + v_0 \sin\theta \cdot T$$

これを2次方程式として解くと，$T=0$も解になりますが，それはボールを投げ上げる瞬間（$t=0$）にボールが$y=0$にあることを示しています。いま，求めようしているのはその解ではありませんから，$T \neq 0$として，両辺をTで割っておきます（左辺が0なので，この2次方程式は簡単に解けます）。

$$0 = -\frac{1}{2}gT + v_0 \sin\theta$$

よって，

$$T = \frac{2v_0 \sin\theta}{g}$$

こうして滞空時間Tを求めることができました。この式は丸暗記する必要はありませんが，Theme 4でも使いますので，頭に入れておいてください。

さて，このTを式①に代入すれば，求める水平到達距離Xが出てきます。すなわち，

$$X = v_0 \cos\theta \cdot T$$

$$= v_0 \cos\theta \times \frac{2v_0 \sin\theta}{g} = \frac{2v_0^2 \sin\theta \cos\theta}{g}$$

上式のままでもよいのですが，三角関数の公式　$2\sin\theta\cos\theta = \sin 2\theta$を使うと，次のようにも書きかえることができます。

$$X = \frac{v_0^2 \sin 2\theta}{g}$$

Step 3　最高点の高さを求める

放物運動のもう1つの典型的な問題は，ボールが達する最高点の高さHを求めよ，というものです。これについても，Step 2と同様に考えてみましょう。

最高点の高さHとは，鉛直上向きにとったy座標のことですから，Step 1の式［Ⅲ］を使えばよいでしょう。

$$y = -\frac{1}{2}gt^2 + v_0 \sin\theta \cdot t \quad \cdots\cdots ①$$

しかし，この式にも時刻tが出てきますから，ボールが最高点に達する

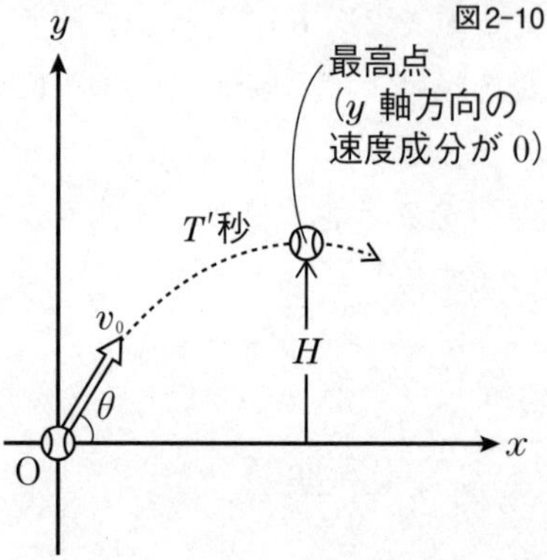

時刻T'を知る必要があります。そこで,「最高点に達する」とはどういう意味かを考えてみます。

最高点とは,ボールがそれ以上,上昇しない点です。言いかえれば,ボールが下から上がってきて,次の瞬間,下に下がっていく点ですね。ですから,y軸方向には**ボールは最高点に達した瞬間,一瞬,静止**するはずです。静止とは,速度が0になることですから,Step 1の式［Ⅳ］を使えばよいでしょう。

$$v_y = -gt + v_0 \sin\theta \quad \cdots\cdots ②$$

式②で,$t = T'$のとき,$v_y = 0$とすればよいですね。

$$0 = -gT' + v_0 \sin\theta$$

これをT'について解いて,

$$T' = \frac{v_0 \sin\theta}{g}$$

となります。これが,ボールが最高点に達するまでの時間です。Step 2のTと比べてみてください。$T' = \dfrac{T}{2}$となっていますね。放物運動では,投げ上げてから最高点に達する時間と,最高点から投げ上げ地点の高さまで落ちてくる時間は同じなのです。**対称的**ということですね。これは覚えておくと便利です。

さて,上のT'の値を式①に代入すると,最高点の高さHが求まります。

$$\begin{aligned} H &= -\frac{1}{2}gT'^2 + v_0 \sin\theta \cdot T' \\ &= -\frac{1}{2}\frac{(v_0 \sin\theta)^2}{g} + \frac{(v_0 \sin\theta)^2}{g} \\ &= \frac{(v_0 \sin\theta)^2}{2g} \end{aligned}$$

水平到達距離Xと最高点の高さHの求めかた,しっかりと覚えておいてください。

【補足】

投げ上げてから最高点まで達する時間と，最高点から投げ上げ地点の高さまで落ちてくる時間が同じであるという対称性を使って，もう1つ覚えておくと便利なことを述べておきます。

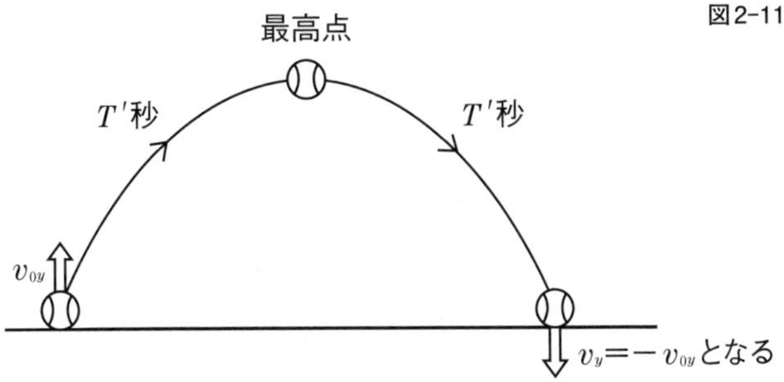

図2-11

投げ上げ地点の鉛直方向の初速度は，公式では$v_0 \sin\theta$ですが，これをv_{0y}と書いておきます。

さて，ボールをこの初速度v_{0y}で投げ上げたとき，ボールが再び投げ上げ地点の高さに落ちてきたときの鉛直方向の速度を求めてみましょう。

鉛直方向の速度の公式より，

$$v_y = -gt + v_{0y}$$

ボールが投げ上げ地点の高さに落ちてくるまでの時間は，上で求めた$t = 2T'$ですから，このときの鉛直方向の速度成分をV_yとすると，

$$V_y = -g \cdot 2T' + v_{0y}$$

これに，

$$T' = \frac{v_0 \sin\theta}{g} = \frac{v_{0y}}{g}$$

を代入して，

$$V_y = -2v_{0y} + v_{0y} = -v_{0y}$$

となります。

つまり，ボールが再び投げ上げ地点の高さまで落下してきたときの鉛直方向の速度成分は鉛直下向きで，その速さは初速度と同じということです。

このことも，覚えておくとたいへん便利です。

なお，このことは，第3講で扱う「力学的エネルギー保存則」からもわかります。

問題演習

空中での衝突の問題を解く！

2 地上のある点Oから水平距離L，地上からの高さHの位置にボールを固定し，ある瞬間に自由落下させる。同時に点Oから弾丸を発射する。弾丸がボールに命中するためには，弾丸を発射する角度を水平に対してどれだけにしなければならないか。また，弾丸がボールに命中するためには，弾丸の初速度の大きさはどのような条件を満たさなければならないか。ただし，重力加速度の大きさをgとし，空気抵抗は無視でき，ボールと弾丸は質点とみなせるものとする。

図2-12

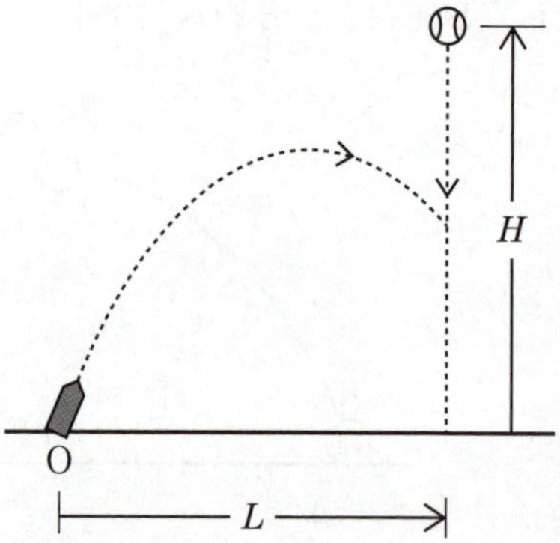

橋元流で解く！

準備 点Oを原点とし，図のように座標軸x，yをとります。弾丸の初速度の大きさをv_0，弾丸を発射する角度は水平に対してθとしておきます。ボールを自由落下させる瞬間と弾丸を発射する瞬間は同時ですから，この瞬間を時刻$t=0$とします。 END

図2-13

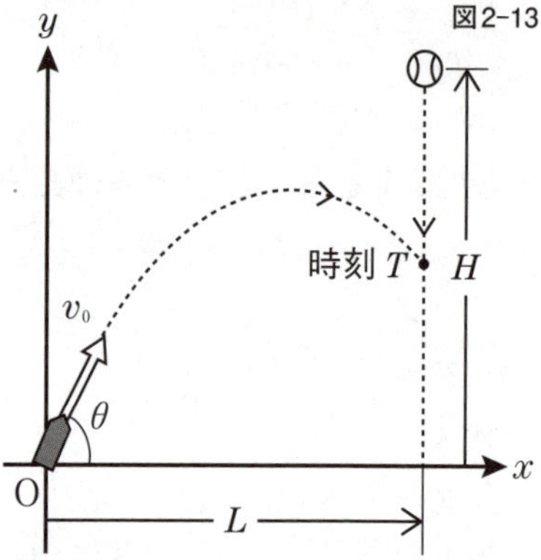

自由落下なので，ボールの初速度は0です。ボールの位置に関する式を，**放物運動の公式**に従って書きます。

$x = L$（一定）……①

$y = -\dfrac{1}{2}gt^2 + H$ ……②

速度に関する公式は省略します（はじめてこの問題を解くときには，x

軸方向の速度（＝0），y軸方向の速度の式も書いておいてかまいません。この問題では速度の式を使う必要がないことがわかっているので，煩雑さを避けるために省略しているだけです）。

弾丸の位置に関する公式は，弾丸の位置をx'，y'とおいて書いておきます。

$$x' = v_0 \cos\theta \cdot t \quad \cdots\cdots③$$

$$y' = -\frac{1}{2}gt^2 + v_0 \sin\theta \cdot t \quad \cdots\cdots④$$

ボールと弾丸が空中で衝突したとして，その時刻を$t = T$とします。衝突するということは，**同じ時刻に同じ場所**に来るということにほかなりませんから，ボールと弾丸が衝突する条件は，$t = T$において$x = x'$，$y = y'$となるということですね。

そこで，式①と式③より，

$$L = v_0 \cos\theta \cdot T \quad \cdots\cdots⑤$$

式②と式④より，

$$H = v_0 \sin\theta \cdot T \quad \cdots\cdots⑥$$

となります。**$-\frac{1}{2}gt^2$の項が消えてしまう**というところがポイントです。

$\frac{式⑥}{式⑤}$とすると，未知の量v_0とTがうまく消去できます。

$$\tan\theta = \frac{H}{L}$$（を満たす角度θ）……答え

着目！　つまり，弾丸は最初にボールが固定されている位置を狙って発射すればよいということがわかります。先に見たように，**鉛直方向の重力加速度による運動は，キャンセルされてしまうのですね。**

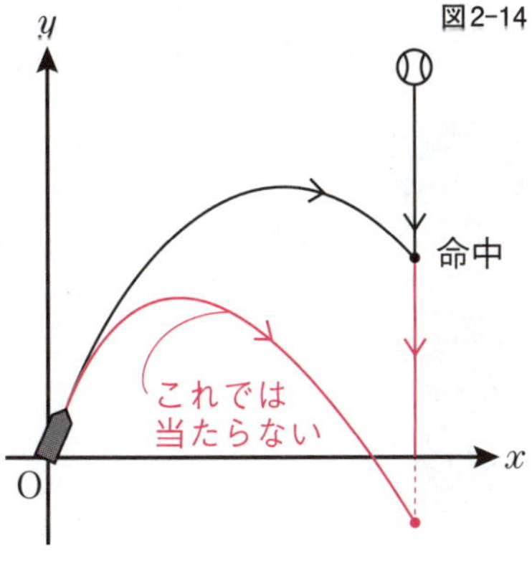

しかし，弾丸の初速度が小さいと，弾丸がボールの位置に到達するまえにボールは地上に落下してしまうということが起こります。すなわち，弾丸が

ボールに命中するためには，v_0がある値より大きくなければなりません。

この問題を解くにはいくつかの方法がありますが，わかりやすいのは，**弾丸がボールに命中する位置（y座標）**を求めることです。弾丸がボールに実際に命中するためには，この位置が**$y>0$**でなければならないはずです。

END

式⑤^2＋式⑥^{2}とすると，三角関数の公式　$\sin^2\theta+\cos^2\theta=1$を使って，$\theta$を消去できます。

$$v_0{}^2=\frac{H^2+L^2}{T^2}$$

$$\therefore \quad T=\frac{\sqrt{H^2+L^2}}{v_0}$$

このTの値を式②に代入すると，弾丸がボールに命中する位置（y座標）が出るので，

$$y=-\frac{1}{2}gT^2+H>0$$

が，空中で命中するための条件になります。Tの値を代入して，

$$-\frac{1}{2}g\,\frac{H^2+L^2}{v_0{}^2}+H>0$$

これをv_0で解いて，

$$v_0>\sqrt{\frac{H^2+L^2}{2H}g}\ \cdots\cdots$$ 答え

Theme 4

床との繰り返し衝突

放物運動のしめくくりとして，入試によく出題される応用問題をやってみましょう。図のように，水平でなめらかな床の上で，ボールが何度もはねかえるという問題です。

図2-15

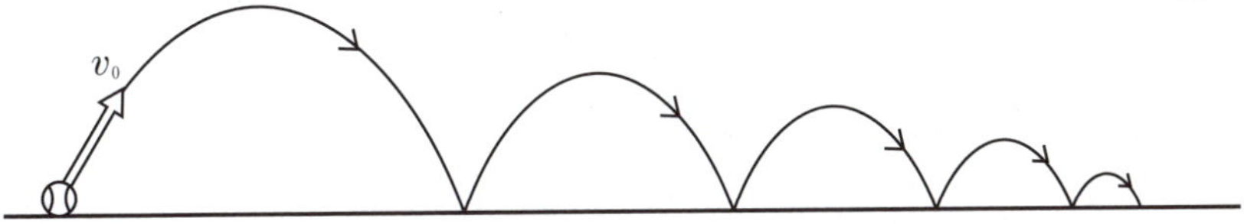

Step 1 床とのはねかえり係数

ここではねかえり係数について，簡単に説明しておきます。一般の衝突問題は第5講で詳しく学びます。

ボールが鉛直方向に落下してきて水平な床に衝突し，はねかえる状況を考えます。床との衝突直前のボールの速さをv，はねかえった直後のボールの速さをv'とするとき，$\dfrac{v'}{v}$を，ボールの床に対する**はねかえり係数**と呼びます。10m/sで落ちてきて，5m/sではねかえれば，はねかえり係数は0.5ということですね。

次に，ボールがななめに床に衝突するときには，衝突直前，直後のボールの速度を水平方向と鉛直方向に分解して考えます。そうして，鉛直方向（y軸方向）の速度成分の大きさの比をは

床とのはねかえり

図2-16(a)

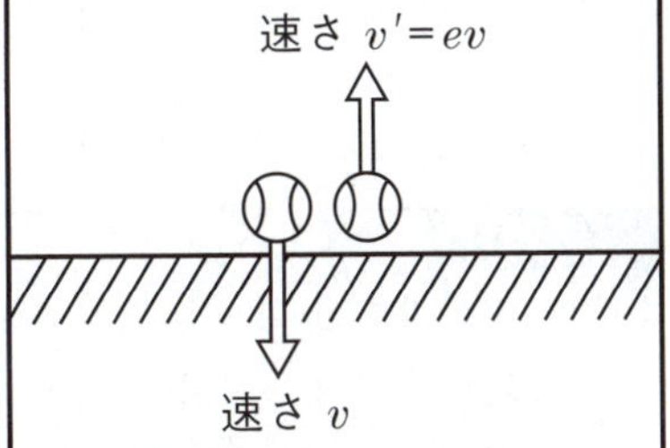

鉛直方向のはねかえり

図2-16(b)

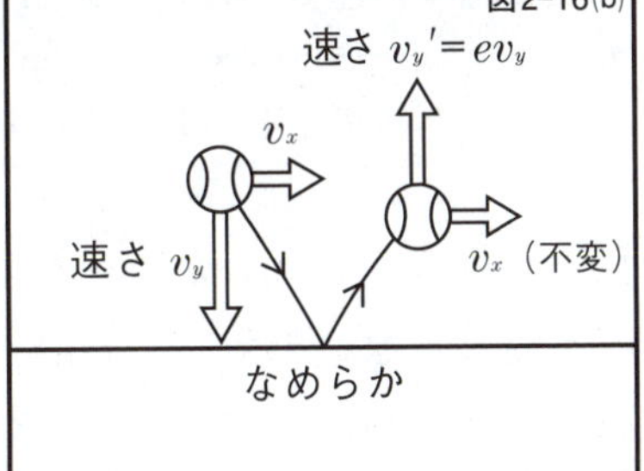

ななめのはねかえり

ねかえり係数とします。床に対して平行な方向（x軸方向）については，床がなめらかであれば，速度成分は変化しません。

とりあえずは，以上のことを知っておいていただければ十分です。

Step 2 床との繰り返し衝突

いま，ボールと床のはねかえり係数をeとし，ある地点（原点）からボールを初速度の大きさv_0，投げ上げの角度をθとして，ボールが何度も床と衝突を繰り返す状況を想定します。

図2–17

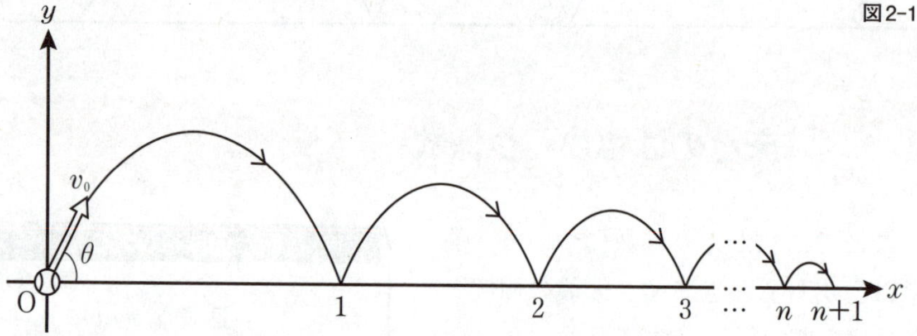

問題は次のようなものです。

【例題】

(1)　ボールが1回目の衝突から2回目の衝突をするとき，この2つの衝突地点の水平距離はいくらか。

(2)　同じく，ボールが1回目の衝突から2回目の衝突をするとき，この間におけるボールの到達する最高点の高さはいくらか。

考えかたのポイントは2つあります。

【ポイント①】床がなめらかなら，**ボールの水平方向の速度は何度衝突しても変わらない**ので，Theme 3 Step 1の水平方向の運動に関する公式［Ⅰ］，［Ⅱ］は，そのまま使えます。

【ポイント②】Theme 3 Step 3 の補足で調べたように，1回目の衝突直前のボールの鉛直方向の速度成分は，$-v_0 \sin\theta$です。

よって，1回目の衝突直後の鉛直方向の速度成分は，$e \times v_0 \sin\theta$となります。

図2-18

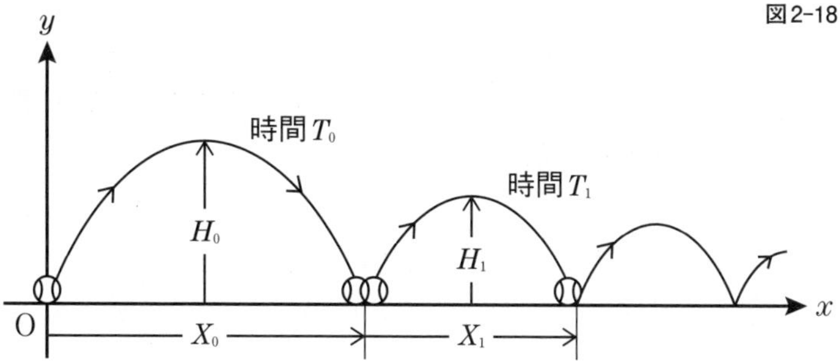

それでは，(1)から考えていきましょう。

まず,1回目の衝突から2回目の衝突までのボールの滞空時間を求めます。

それには，Theme 3 Step 2で求めた滞空時間Tを使います。投げ上げてから1回目の衝突までの滞空時間をT_0とすると，

$$T_0 = \frac{2v_0 \sin\theta}{g}$$

でした。ここで，$v_0 \sin\theta$は，鉛直方向の初速度成分ですから，これをそのまま1回目の衝突から2回目の衝突の滞空時間に適用します。つまり，初速度成分の部分を$v_0 \sin\theta$から$e \times v_0 \sin\theta$に代えればよいわけです。

求める滞空時間をT_1とすれば，

$$T_1 = \frac{2ev_0 \sin\theta}{g}$$

そこで,1回目の衝突から2回目の衝突までの水平到達距離をX_1とすれば，

$$\begin{aligned} X_1 &= v_0 \cos\theta \times T_1 \\ &= v_0 \cos\theta \times \frac{2ev_0 \sin\theta}{g} \\ &= \frac{2ev_0^2 \cos\theta \sin\theta}{g} = \frac{ev_0^2 \sin 2\theta}{g} \end{aligned}$$

…… (1)の **答え**

以上から類推して，2回目の衝突から3回目の衝突までの水平到達距離X_2は，

$$X_2 = \frac{e^2 v_0^2 \sin 2\theta}{g}$$

のように，衝突するごとにeという係数が掛かってくることがわかります。

たとえば，n回目の衝突から$n+1$回目の衝突までの滞空時間T_nは，

$$T_n = e^n T_0$$

であり，水平到達距離X_nは，

$$X_n = e^n X_0$$

となります。細かい式を覚えるのではなく，**衝突のたびに滞空時間と水平到達距離は，はねかえり係数eに比例して小さくなっていく**ということを覚えておくと便利です。

同様の方法で，(2)の最高点の高さを求めましょう。

投げ上げから1回目の衝突までの最高点の高さH_0は，Theme 3 Step 3より，

$$H_0 = \frac{(v_0 \sin\theta)^2}{2g}$$

でした。つまり，**最高点の高さは，鉛直方向の初速度成分$v_0 \sin\theta$の2乗に比例**しています。このことがわかれば，1回目の衝突と2回目の衝突の間に達する最高点の高さH_1は，

$$H_1 = \frac{(e\, v_0 \sin\theta)^2}{2g} = e^2 H_0 \quad \cdots\cdots \text{(2)の 答え}$$

であることがすぐわかります。

一般にn回目と$n+1$回目の間に達する最高点の高さH_nは，

$$H_n = e^{2n} H_0$$

となります。式で書くと少し難しく感じますが，次のような図で覚えておくと問題が簡単に解けて便利です。

図2-19

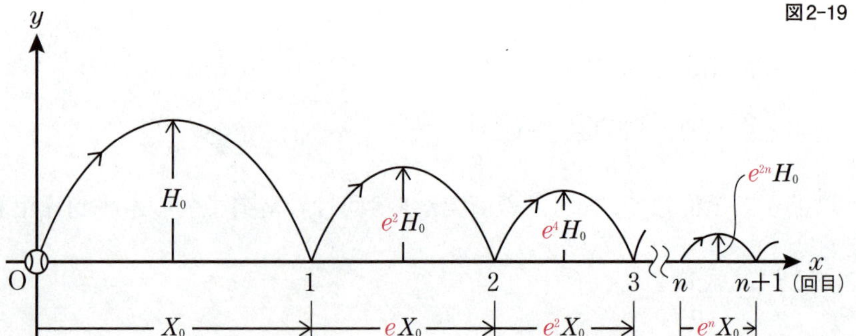

問題演習

床との繰り返し衝突の問題を解く！

3

図2-20

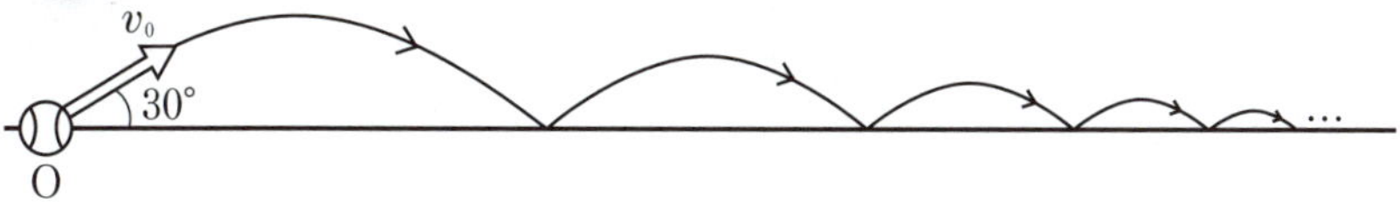

地上のある地点Oから，初速度の大きさv_0，水平となす角30°でボールを投げ上げた。ボールは地表に何度も落下しはねかえることを繰り返した。空気抵抗は無視でき，ボールは質点とみなすことができ，地表は水平でなめらかだと仮定したとき，ボールがはねかえることなく地表を転がりはじめるのは，最初の投げ上げ地点から測ってどれだけの距離か。ただし，重力加速度の大きさをg，ボールと地表のはねかえり係数を0.5とする。

橋元流で解く！

この問題は数学Bの「数列」および数学Ⅲの「極限」で学習する知識を利用した応用問題です。計算のしかたに不安がある人は，数学の教科書で復習しましょう。

図2-21

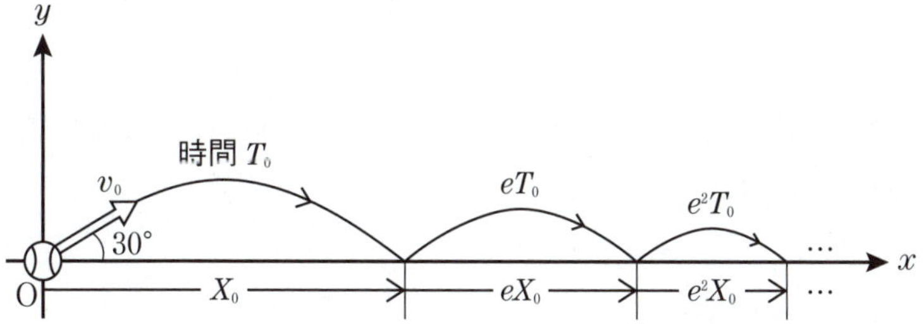

ボールを投げ上げる地点Oを原点とし，投げ上げの角をθ（＝30°）とします。また，ボールが最初に地表に落下してくるまでの滞空時間をT_0，その水平到達距離をX_0とします。

水平方向にx座標，鉛直方向にy座標をとり，ボールを投げ上げる瞬間

を$t=0$とすると，時刻tにおけるボールの位置は，

$$x = v_0 \cos\theta \cdot t \quad \cdots\cdots ①$$

$$y = -\frac{1}{2}gt^2 + v_0 \sin\theta \cdot t \quad \cdots\cdots ②$$

式②において，$t = T_0$のとき$y = 0$とすれば，

$$0 = -\frac{1}{2}gT_0^2 + v_0 \sin\theta \cdot T_0$$

$T_0 \neq 0$なので，両辺をT_0で割って，T_0を求めれば，

$$T_0 = \frac{2v_0 \sin\theta}{g}$$

最初の落下から2回目の落下までの滞空時間をT_1，ボールと地表のはねかえり係数をeとすれば，

$$T_1 = eT_0$$

同様にして，それ以降のはねかえり間の滞空時間は，

$$T_2 = eT_1 = e^2T_0$$

……

$$T_n = e^nT_0$$

ボールが無限回はねかえって転がりはじめるとすると，投げ上げから転がりはじめるまでの時間の合計Tは，

$$\begin{aligned} T &= T_0 + T_1 + T_2 + \cdots\cdots + T_n + \cdots\cdots \\ &= T_0(1 + e + e^2 + \cdots\cdots + e^n + \cdots\cdots) \end{aligned}$$

となり，（　）の中の式は初項1で公比eの無限等比級数になることがわかりますね。「数学Ⅲ」で学ぶ内容ですが，このような式は収束して次のようになるのでした。

$$(1 + e + e^2 + \cdots\cdots + e^n + \cdots\cdots) = \frac{1}{1-e}$$

今回は$e = \frac{1}{2}$なので，

$$T = \frac{1}{1-e}T_0 = \frac{1}{1-\frac{1}{2}}T_0 = 2T_0$$

とわかります。繰り返し衝突では無限等比級数の式になることがしばしばあるので，上の式は覚えておくと便利ですね（ただし，$e<1$のときにだ

け成立するということに注意してください)。

ところで，地表がなめらかと仮定すると，ボールの水平方向（x軸方向）の速度は変化しないので，ボールは水平方向に常に$v_0 \cos\theta$の速さで動きます。

よって式①より，ボールが転がりはじめるまでの水平到達距離Xは，

$$X = v_0 \cos\theta \times 2T_0 = v_0 \cos\theta \times \frac{4v_0 \sin\theta}{g} = \frac{2v_0^2 \cdot 2\cos\theta \sin\theta}{g}$$

$$= \frac{2v_0^2 \sin 2\theta}{g}$$

$\theta = 30°$として，

$$X = \frac{\sqrt{3}\,v_0^2}{g}$$ …… 答え

Theme 5

空気中を落下する物体に働く抵抗

「物理基礎」で自由落下する物体は，加速度の大きさgで等加速度運動するということを学びました。しかし実際に実験をしてみると，落下距離が大きくなるにつれて，等加速度運動をしなくなることがわかります。その理由は，**地球上には空気がある**からです。ふつうは運動する物体の問題を解くとき，空気抵抗は無視できると仮定してかまいません。しかし，空気抵抗を考える問題というのがときどき出題されます。

空気抵抗というと非常に難しい印象を受けますが，そんなことはありません。考えかただけしっかりと理解しておけば，あとは簡単です。

図2-22

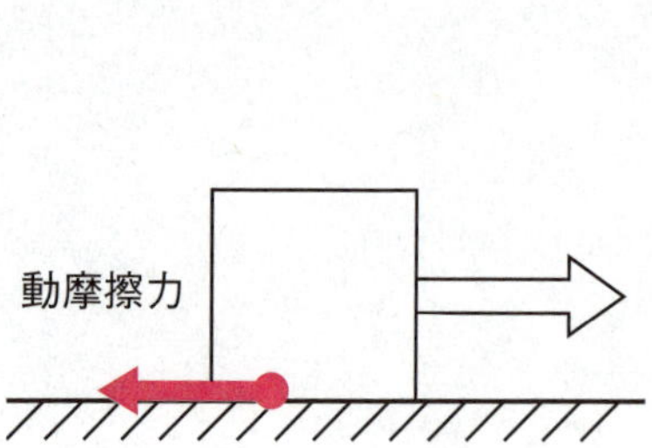

床の上の物体が受ける動摩擦力は，物体の速度に関係ありませんでしたが，物体が空中を落ちるときに働く**空気抵抗**(空気からの摩擦力)は，物体の落下速度が大きいほど大きくなります。経験的にも，ふつうに歩いているときは空気の存在はあまり気になりませんが，速く走ると空気の抵抗を感じますね。それと同じ理屈です。

そこで，空気中を落下する物体は，**その速さに比例した抵抗力**を受けると考えます。

そうすると，物体の速さをv，そのとき物体が受ける空気抵抗の大きさをfとすれば，

$$f = kv$$

と書けるはずです。kは比例定数です。

物体の質量をm，重力加速度の大きさをgとして，このときの物体の運

動方程式を書いてみましょう。

図2-23

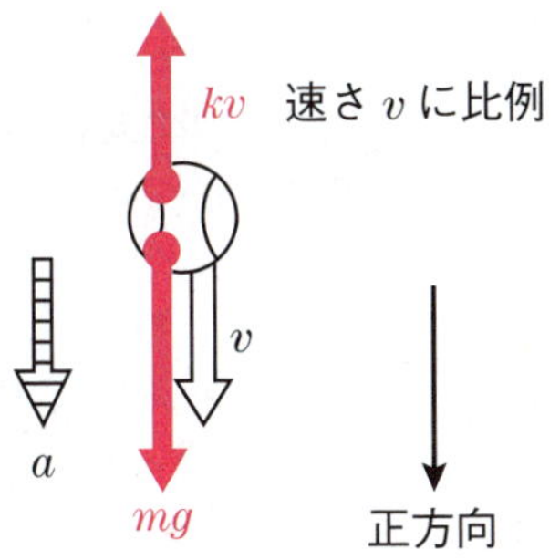

物体に働く力は，鉛直下向きに重力mg。そして，物体に《タッチ》している空気からの抵抗力，これは物体の移動方向と反対ですから，鉛直上向きですね。その大きさをkvとして，

$$ma = mg - kv$$

ただし，aは物体の加速度で，座標軸は鉛直下向きを正としています（自由落下なので鉛直下向きを正としていますが，鉛直上向きを正として式を立ててもかまいません）。

この運動方程式を実際に解くのは，難しいです。なぜなら，等加速度運動ではもちろんないし，方程式の中に加速度aと速度vが入っていて，aはvの時間変化 $\left(a = \dfrac{\Delta v}{\Delta t}\right)$ という関係があるため，高校数学の範囲では解けません。

しかし安心してください。試験で求めるように言われることは決まっていて，「このような運動をしている物体の最終的な速度（**終端速度**）はいくらか？」というものなのです。そして，それは物体の運動をイメージすれば簡単にわかるのです。

質量mの物体を非常に高いところから落とします。自由落下なので，最初の速さは0です。この物体に働く空気抵抗は物体の速さに比例しますから，最初は空気抵抗の大きさも0です。そこで，物体は加速度gで落下しはじめます。そうするとだんだん速くなりますね。速度vが大きくなるわけですから，空気抵抗が生じて，だんだん大きくなります。

鉛直下向きの重力mgは一定で，鉛直上向きの抵抗力がだんだん大きくなるので，全体として物体に働く下向きの力はだんだん小さくなっていきますが，それでも力が働いている間は加速します。速度は大きくなりますが，加速度がだんだん小さくなるということですね。

さて，どこかの地点で，**鉛直上向きの抵抗力kvは，鉛直下向きの重力mgと同じになる**はずです。この瞬間の物体の速さをv'としましょう。

$$mg = kv'$$

となった瞬間に，物体に働く力は合計で0となります。運動方程式は，

$$ma = 0$$

です。つまり，この瞬間に物体の**加速度は0**になる，ということは物体の速度は一定になるということです。

図2-24

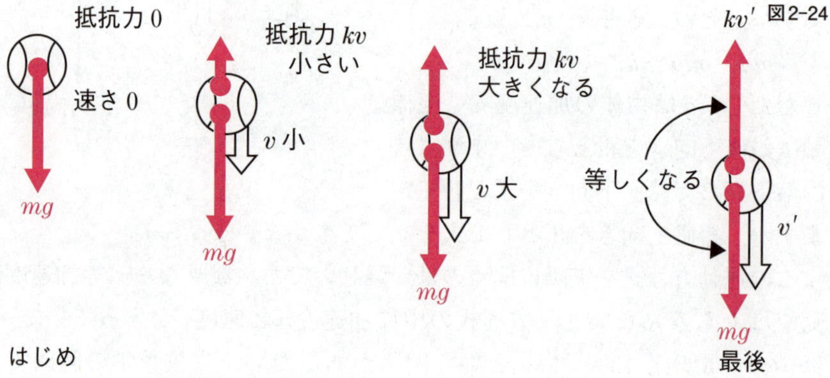

物体の速度が一定になると，働く抵抗力 kv' は一定で，もう抵抗力は増えません。つまり，この瞬間以降，物体に働く力はずっと $mg - kv' = 0$ のままということです。

よって，物体はこのあと等速度運動をしつづけることになります。そこで，v' が終端速度ということになります。終端速度 v' の値は，

$$mg - kv' = 0$$

より，

$$v' = \frac{mg}{k}$$

となりますね。速度に比例する抵抗力という問題で求められるのは，ほとんど以上のことに尽きています。

スカイダイビングの映像を見ていると，パラシュートが開くまえの長い時間，スカイダイバーは空中でいろいろな演技をしていますね。そんな余裕があるのは，等速で落下しているからで，もし空気抵抗がなければスカイダイバーたちはあっという間に地面に激突してしまいます。

ちなみに，速度に比例する抵抗力と似た力は，高校物理では電磁気学の電磁誘導のところでも出てきますが，考えかたはまったく同じです。

第3講

仕事とエネルギー

基礎

Theme 1
仕事

Theme 2
力学的エネルギー

Theme 3
仕事とエネルギーの関係

Theme 4
力学的エネルギー保存則

問題演習
外力がする仕事を確認しよう！

講義のねらい

「仕事とエネルギー」の解法を使って，問題をカンタンに解こう！

Theme 1

仕事

第2講でも話しましたが，力学の解法はたった3つしかありません。

解法1　運動方程式
解法2　仕事とエネルギー
解法3　力積と運動量

解法1は，第2講の「橋元流・力学解法ワンパターン」で解く方法ですね。

解法2は，「物理基礎」で学習した内容ですが，本講では，もう一度その復習をします。仕事とエネルギーについては，自信があるという人は，飛ばし読みくらいでも結構です。

解法3は，解法2と同じくらい重要な解法です。第4講で詳しく解説します。

それでは，仕事とエネルギーの復習です。

Step 1 仕事もいろいろ

図3-1

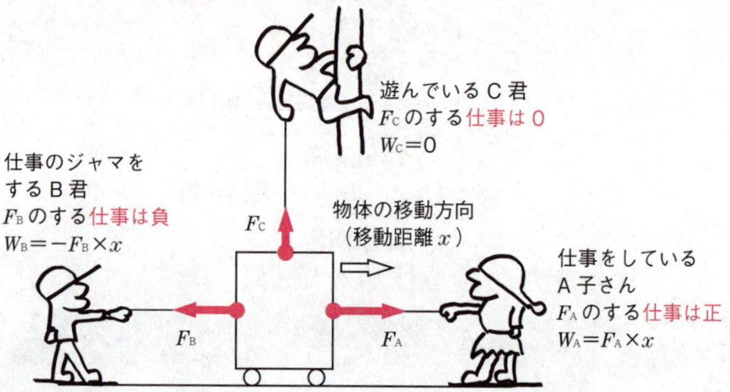

仕事は，**物体に力を加えてどれだけ動かしたか**の効果を測る物理量です。

つまり，簡単に言ってしまえば，

仕事＝力×移動距離

ということになります。しかし，図3-1を見ていただければわかるように，同じ力でも，物体が移動する方向に働いていれば，プラスの効果がありますし，物体が移動するのと逆方向に働けばマイナスの効果になります。**仕事にはプラスとマイナスがある**ということですね。また，物体の移動には寄与しない仕事，つまり**仕事をしない力**（仕事＝0）もあります。

Step 2 ななめの力がする仕事

ななめの力がする仕事

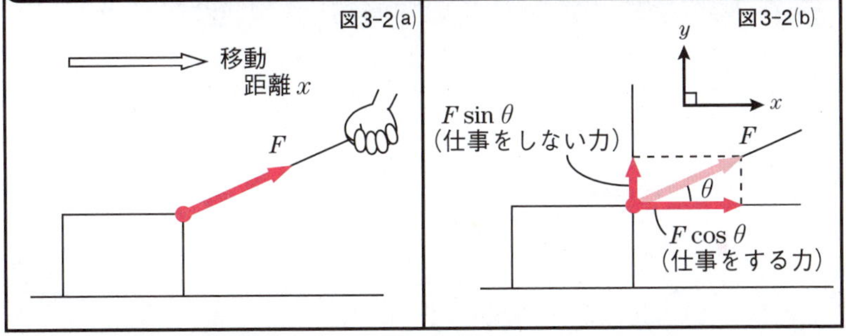

一般に，物体の移動方向に対してななめに働く力の場合には，図3-2(b)のように力を**物体の移動方向と，それに垂直な方向**に分解します。力と移動方向の間の角度をθとすると，物体がxだけ移動するとき，大きさFの力がする仕事Wは，

$$W = F\cos\theta\ （仕事をする力）\times x\ （移動距離）$$
$$= Fx\cos\theta$$

となります。

Step 3 仕事の単位

仕事の単位は**ジュール〔J〕**です。これを基本的な単位である〔kg〕,〔m〕,〔s〕で表すと，仕事は力×移動距離ですから,

$$〔J〕=〔N〕\times〔m〕=〔N\cdot m〕=〔kg\cdot m^2/s^2〕$$

となります。

暗記するのではなく，いつでも書けるように理解しておきましょう。

Theme 2

力学的エネルギー

エネルギーは非常に重要な物理量です。熱のエネルギー，電気のエネルギー，光のエネルギー，原子力のエネルギーなど，エネルギーにはいろいろな種類がありますが，それらのエネルギーは互いに変換しあいます。そしてその根本にあるのは，力学的エネルギーです。力学的エネルギーは，大きく運動エネルギーと位置エネルギーに分類することができます。

エネルギーとは何か，という問いに対する答えはたいへん明快です。

「エネルギーとは，仕事ができる能力のことである」

と覚えておきましょう。エネルギーの単位は，仕事と同じで，ジュール〔J〕です。つまり100ジュールのエネルギーをもっているということは，100ジュールの仕事ができる能力があるということです。また，物体に100ジュールの仕事をすれば，物体は100ジュールのエネルギーを得ることになります。

Step 1 運動エネルギー

質量をもった物体が動いていると，それが何かにぶつかれば，ぶつかった物体に力を加えて動かすことができますね。つまり動いている物体はエネルギーをもっているということがいえます。このエネルギーを，**運動エネルギー**と呼びます。

運動エネルギーKは，物体の質量mと速さvを用いて，

$$K=\frac{1}{2}mv^2$$

と書きます。どうして$\frac{1}{2}$がついたり，v^2になったりするかには，ちゃんとした理由があるのですが，とりあえずはこの式を覚えておくことにしましょう。

図3-3

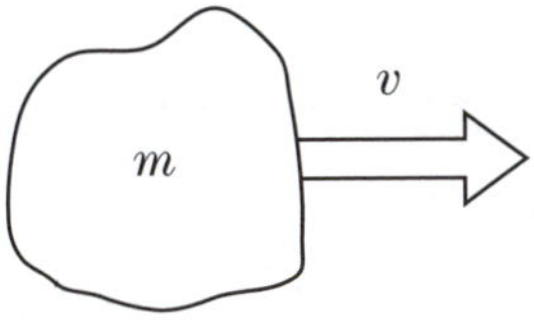

動く物体は
運動エネルギー$\frac{1}{2}mv^2$をもつ

Step 2 重力の位置エネルギー

高いところにある物体は，そこから落下するとどんどん速くなりますね。はじめは静止していても，落下することにより運動エネルギーをもつようになるわけです。そこで，高いところにある物体は静止していても（潜在的に）エネルギーをもっているといえます。これを重力の**位置エネルギー**と呼びます。重力がなければ，もちろん位置エネルギーもありません。

いま，地上から高さhの位置に質量mの物体が静止しているとします。この物体が地面まで落ちてくる間に，重力mgがする仕事を考えてみましょう。

図3-4

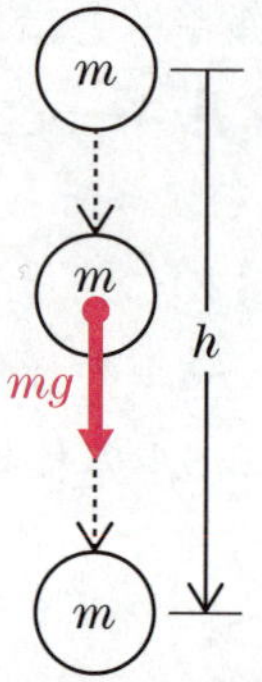

重力は mgh の仕事をする

図のように，物体が落ちる方向と重力の方向は同じですから，重力はプラスの仕事をします。そして，高さhだけ落ちれば，力×移動距離で，$mg \times h = mgh$の仕事をすることになります。そして，その結果，物体は運動エネルギーを得ることになります。

そこで，**高さhから落ちれば，重力は必ずmghの仕事をする**ことが保証されているので，高さhにある物体はmghという潜在的なエネルギー（ポテンシャル・エネルギー）をもっていると考えるのです。これが重力の位置エネルギーです。重力の位置エネルギーをUとすれば，

$$U = mgh$$

注意しなければいけないことが2点あります。

1つは，重力の位置エネルギーの基準点（エネルギー0の点）は，自由にとれるということです。つまり，運動エネルギーと違って重力の位置エネルギーには絶対的な値はなく，どこかの基準点に対して，これこれのエネルギーをもっている，というのです。**基準点は問題を解きやすい点にとる**のがいいですね。

もう1つは，物体のもつエネルギーとして**重力の位置エネルギーを加え**

たら，**仕事とエネルギーの関係式に重力のする仕事を加えてはいけない**ということです。重力のする仕事を先に見込んで，それを位置エネルギーとして計上しているからです。

Step 3 ばねの弾性エネルギー

位置エネルギーは，どんな力でももっているというわけではありません。むしろ位置エネルギーをもてる力は限られています。少し難しい表現ですが，物体がどんな経路をたどっても，**はじめの位置とあとの位置だけで仕事が決まるような力**（それを**保存力**と呼びます）だけが，位置エネルギーをもてるのです。

ばねの力は，フックの法則に従います。ばねの自然長からの伸び（縮み）をxとすると，物体に働く力の大きさFは，伸び（縮み）xが大きい程，大きい，つまりFはxに比例するということですね。そこで，

$$F = kx$$

あるいは，向きまで考えると，

$$\vec{F} = -k\vec{x}$$

となります。

図3-5

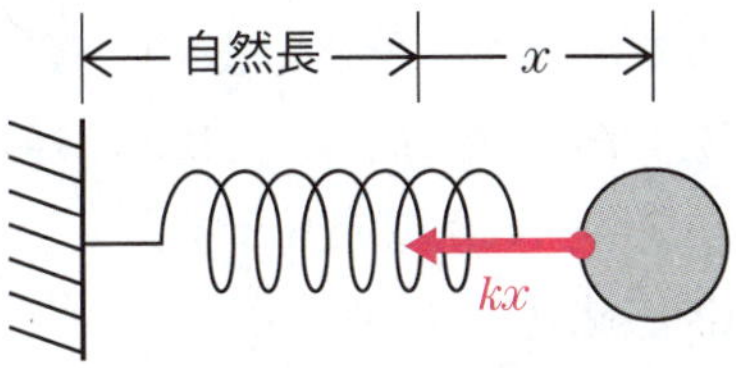

ばねは$\frac{1}{2}kx^2$の
弾性エネルギーをもつ

比例定数kは，**ばね定数**と呼ばれます。ばねの強さ（硬さ）を示す定数といってよいでしょう。

このようなフックの法則に従うばねがもつエネルギーは，位置エネルギーで表すことができるのです。それを**ばねの弾性エネルギー**と呼んでいます。その値は，

$$U = \frac{1}{2}kx^2$$

です。運動エネルギーの式によく似ていますね。こちらも，導出はとりあえずおいておき，覚えてしまいましょう。

Theme 3
仕事とエネルギーの関係

仕事とエネルギーは**互いに変換しあえるもの**です。その関係は，非常にカンタンです。

図3-6

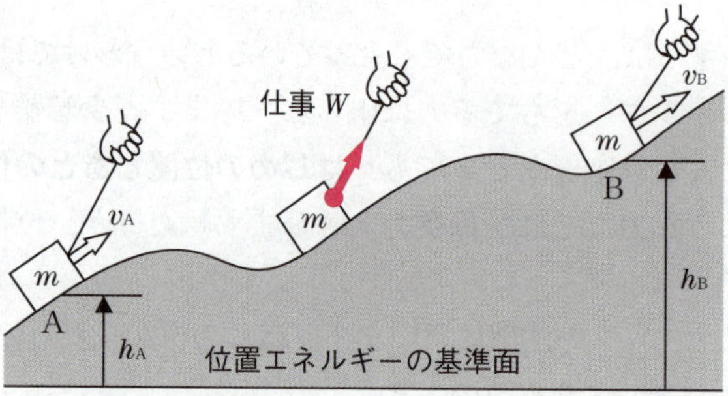

図を見てください。はじめに質量mの物体が高さh_Aの点Aにあって，速さv_Aであったとします。それから物体には力が加えられて高さh_Bの点Bに来たとします。この間に外力が物体にした仕事をWとすると，次のような関係式が成立します。

はじめの全力学的エネルギー　　外力がした仕事　　あとの全力学的エネルギー

$$\frac{1}{2}mv_A^2+mgh_A \quad + \quad W \quad = \quad \frac{1}{2}mv_B^2+mgh_B$$

これは非常に重要な仕事とエネルギーの関係式です。

物体の位置や速さを求める問題では，運動方程式を使わずに，この関係式だけで問題が解ける場合が非常に多いのです。大いに活用しましょう。

煩雑さを避けるために，この図にはばねの弾性エネルギーは含まれていませんが，ばねがあるときには，それも考慮します。

1つ注意しなければいけないことは，外力がした仕事の中に，重力やばねの力がした仕事を入れてはいけないことです。なぜなら，これらの力がする仕事は，位置エネルギーの中に先に見込まれているからです。ですから，上の式の外力がした仕事は，厳密に言うと，「重力やばねの力を除く外力がした仕事」ということですね。

Theme 4

力学的エネルギー保存則

仕事とエネルギーの関係式は，問題を解くうえで非常に重要ですが，その中でも，**外力が仕事をしない**というケースが出てきます。この場合，仕事とエネルギーの関係式はどうなるかというと，

はじめの全力学的エネルギー　＝　あとの全力学的エネルギー

となりますね。

これを**力学的エネルギー保存則**といいます。力学的エネルギー保存則が使える典型的なケースは図のような場合です。

図3-7

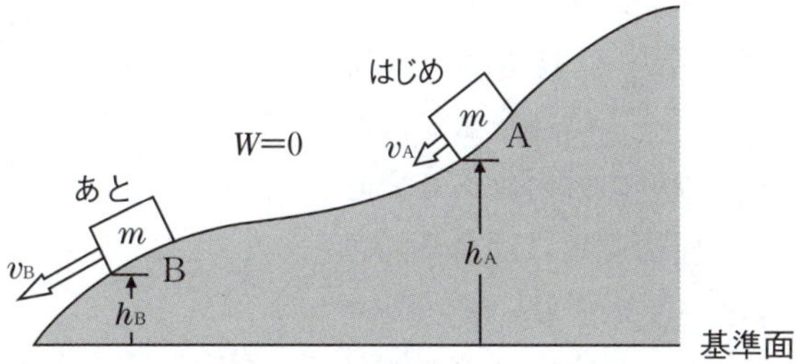

なめらかな斜面（まっすぐではなく曲線でもかまいません）上の質量mの物体が，はじめ高さh_Aの点Aにあって，速さがv_Aであり，その後，重力以外の外力が仕事をせずに高さh_Bの点Bに来たとします。このときの物体は速さをv_Bとすれば，

$$\underbrace{\frac{1}{2}mv_A^2+mgh_A}_{\text{はじめの全力学的エネルギー}}=\underbrace{\frac{1}{2}mv_B^2+mgh_B}_{\text{あとの全力学的エネルギー}}$$

力学的エネルギー保存則は，入試頻出問題であり，かつ簡単に解けることが多いのですが，どういう場合に力学的エネルギー保存則が使えるのか，という点をおさえておかないといけません。

上の図の例の場合，物体に働く外力は2種類あります。1つは重力で，これは位置エネルギーとしてすでに見込まれていますから考慮する必要はありません。もう1つの力は，《タッチ》している面からの垂直抗力です。

垂直抗力は物体が動く斜面に対して垂直に働きます。**移動方向に垂直な力は仕事をしない**ということを思い出してください。ですから，外力があってもこの場合は，力学的エネルギー保存則が使えるのです。

図3-8

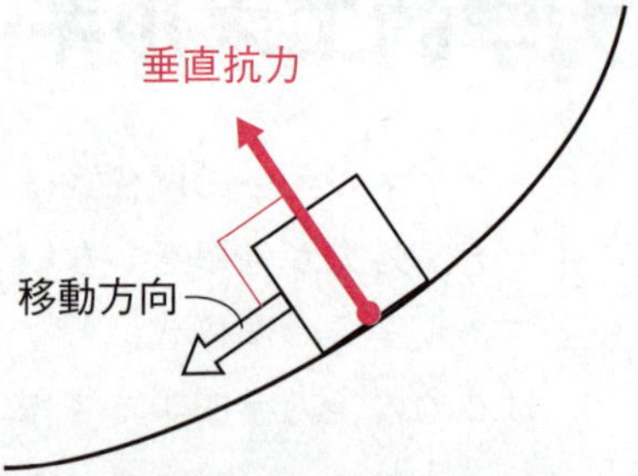

垂直抗力は仕事しない

ほかに力学的エネルギー保存則が使える例をあげておきましょう。そもそも外力がなければ，外力のする仕事もありませんから，そのような場合は力学的エネルギー保存則が使えます。

図3-9

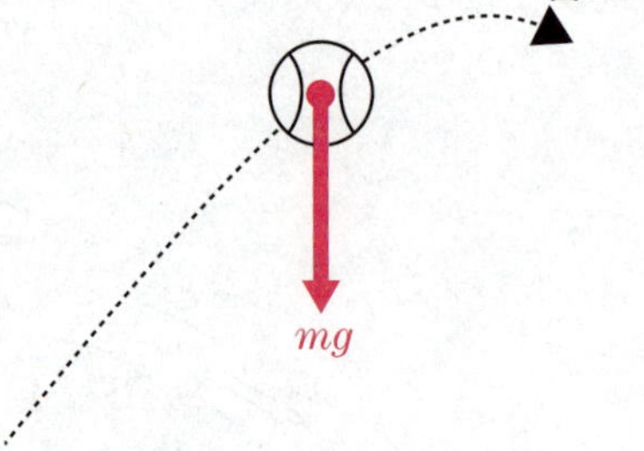

空中を飛ぶボールには
力学的エネルギー保存則が使える

その典型は，空中を飛ぶボールです。空中を飛ぶボールは（空気抵抗がなければ）重力以外の外力はありません。ですから，放物運動には力学的エネルギー保存則が使えます。第2講の，投げ上げたボールの最高点の高さを求める問題などには適用できます。試してみてください。

振り子運動や円運動をしている物体の場合も，物体に摩擦力などが働いていない限り，力学的エネルギー保存則が適用できます。その理由は，振り子運動や円運動の場合，重力を除けば，糸の張力や面からの垂直抗力以外の外力がなく，それらの力は物体の移動方向に垂直で仕事をしないからです（第7講でまた話します）。

図3-10

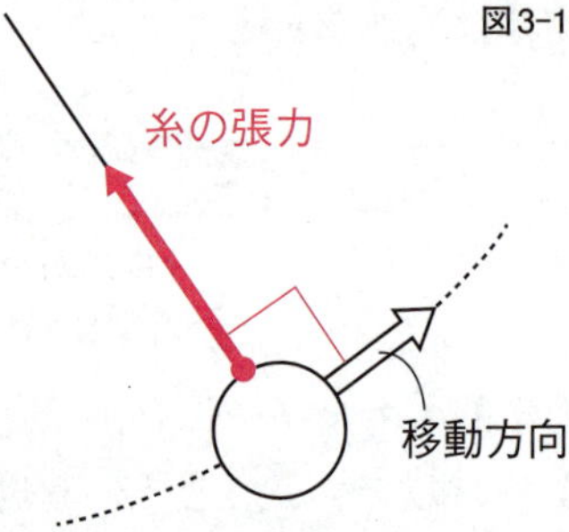

円運動には
力学的エネルギー保存則が使える

それでは，仕事とエネルギーの関係式で解く問題と，力学的エネルギー保存則で解く問題を練習してみましょう。

問題演習

外力がする仕事を確認しよう！

1 水平とθの角をなす粗い斜面上の点Aに質量mの小物体を静かに置いたところ，小物体は斜面をすべり出しはじめた。点Aから距離Lだけ下の斜面上の点Bを通過する瞬間の小物体の速さはいくらか。ただし，重力加速度の大きさをg，小物体と斜面の間の動摩擦係数をμとする。

図3-11

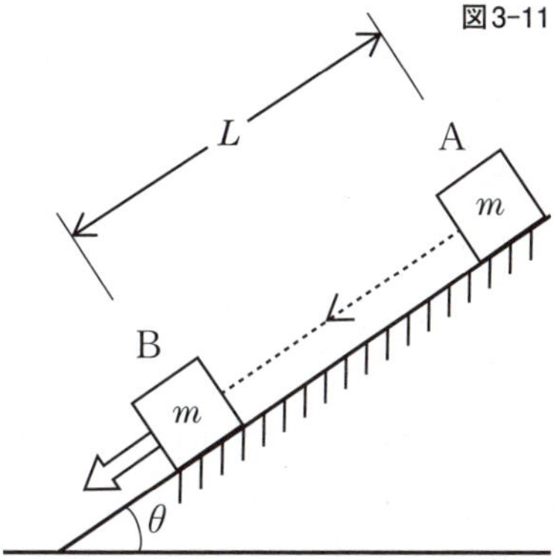

橋元流で解く！

準備　重力の位置エネルギーの基準点を点Bの高さにおきます。基準点の選び方は自由ですが，できるだけ計算が簡単で間違いのない選びかたとしては，これが一番よいでしょう。END

図3-12

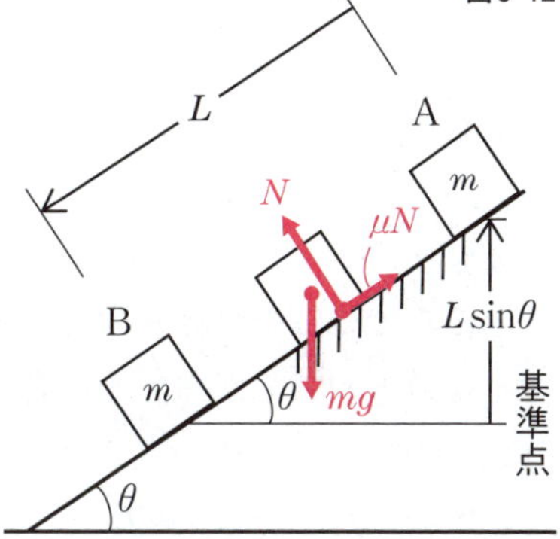

点Aの点Bに対する高さは，図3-12からわかるように$L\sin\theta$です。そこで，点Aで小物体がもつ重力の位置エネルギーU_Aは，

$$U_A = mgL\sin\theta$$

となります。点Aでは小物体は静止していますから，運動エネルギーは0です。

そこで，点Aにおける小物体の全力学的エネルギーE_Aは，

$$E_A = 0 + U_A = mgL\sin\theta \quad \cdots\cdots①$$

となります。

次に小物体が点Bを通過する瞬間の速さをv_Bとします。

点Bでの位置エネルギーは0ですから，点Bで小物体がもつ全力学的エ

ネルギーE_Bは，運動エネルギーだけです。そこで，

$$E_B = \frac{1}{2} m v_B^2 \quad \cdots\cdots ②$$

あとは，小物体が点Aから点Bまで動く間に外力がする仕事を求めるだけです。

小物体に働く外力は，まず重力ですが，これはすでに位置エネルギーとして織り込み済みです。あとは《タッチ》している斜面からの力ですが，これは垂直抗力と動摩擦力の2つです。垂直抗力は，移動方向に対して垂直ですから，仕事をしません。

そこでけっきょく，外力の仕事として考慮しなければいけないものは，斜面からの動摩擦力だけになります。

動摩擦力の大きさをfとすると，$f = \mu N$です。ここで，Nは垂直抗力の大きさですね。そして，これはすでに第2講でも見たように，斜面に垂直な方向の力のつりあいより，

$$N = mg\cos\theta$$

でした。そこで，

$$f = \mu N = \mu mg\cos\theta$$

となります。

ところで，この動摩擦力の向きは，小物体が斜面をすべりおりる方向に対して逆方向ですから，その仕事はマイナスです。

以上から，小物体が点Aから点Bまですべる間に外力がする仕事Wは，

$$W = -\mu mg\cos\theta \times L \quad \cdots\cdots ③$$

式①，②，③を使って，仕事とエネルギーの関係式を書けば，

$$E_A + W = E_B$$

すなわち，

$$mgL\sin\theta - \mu mg\cos\theta \cdot L = \frac{1}{2} m v_B^2$$

となります。両辺をmで割って，あとはv_Bで解けば，

$$v_B = \sqrt{2gL(\sin\theta - \mu\cos\theta)} \quad \cdots\cdots \text{答え}$$

となります。

2

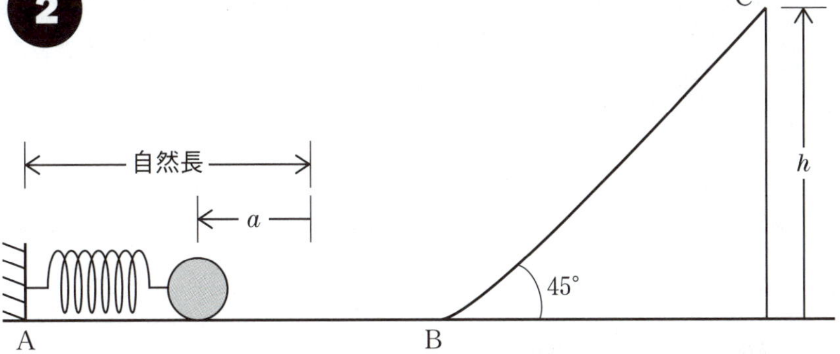

図3-13

水平でなめらかな床の点Aにばね定数kのばねが固定されている。ばねに質量mの小球を押し当てて，自然長からaだけ縮ませてから，そっと手をはなしたところ，小球は床をすべりはじめた。床の上には水平と45°の角をなすなめらかな斜面BCが固定されている。点Bで床と斜面はなめらかにつながり，また点Cの床からの高さはhである。ばねから離れた小球は斜面BC上をすべり上がり，点Cから空中に飛び出した。小球が達する床面からの最高の高さはいくらか。ただし，重力加速度の大きさをgとし，空気抵抗は無視できるものとする。

橋元流で解く！

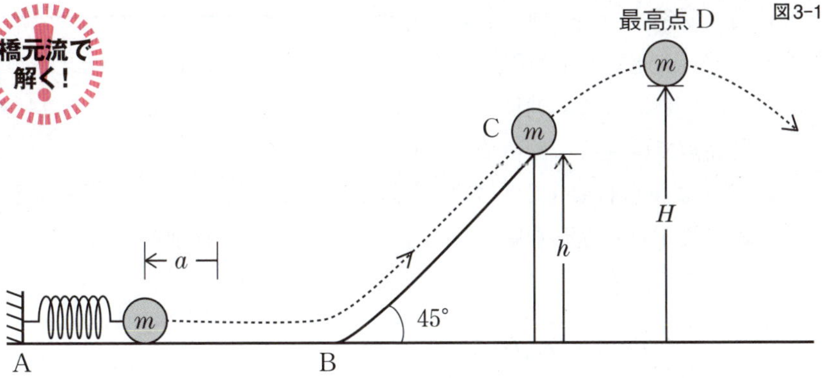

図3-14

この問題では，重力，ばね，面からの垂直抗力以外に外力はありません。重力とばねのする仕事は位置エネルギーとして扱い，面からの垂直抗力は仕事をしませんから，力学的エネルギー保存則が成立することは明らかですね。

自然長からaだけ縮んだばねがもつ弾性エネルギーU_Aは，

$$U_A = \frac{1}{2}ka^2$$

です。この弾性エネルギーは小球に与えられ，小球は斜面BCをすべり上がっていきます。

小球が点Cに達した瞬間の小球の速さをv_Cとすると，力学的エネルギー保存則より，

$$\frac{1}{2}ka^2 = \frac{1}{2}mv_C{}^2 + mgh$$

これをv_Cで解いて，

$$v_C = \sqrt{\frac{ka^2}{m} - 2gh}$$

図3-15

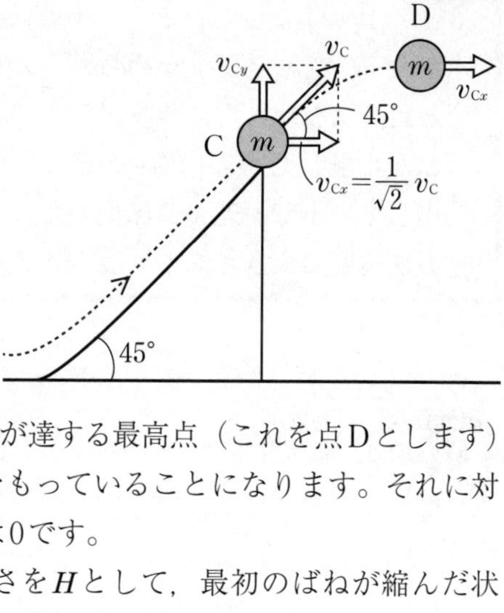

次に小球が点Cから空中に飛び出す瞬間の，水平方向の速度成分v_{Cx}を求めます。斜面が水平となす角が45°ですから，

$$v_{Cx} = \frac{1}{\sqrt{2}}v_C = \sqrt{\frac{ka^2}{2m} - gh}$$

この速度の水平成分v_{Cx}は，放物運動中，ずっと同じですから，小球が達する最高点（これを点Dとします）においては，小球はこの速度成分をもっていることになります。それに対して，最高点では速度の鉛直成分は0です。

そこで，最高点Dの床からの高さをHとして，最初のばねが縮んだ状態と小球が最高点に達した瞬間に力学的エネルギー保存則を適用すると，次のようになります。

$$\frac{1}{2}ka^2 = \frac{1}{2}mv_{Cx}{}^2 + mgH$$

v_{Cx}に上で求めた値を代入し，Hで解きます。

$$H = \frac{ka^2}{4mg} + \frac{1}{2}h \quad \cdots\cdots \text{答え}$$

第4講

力積と運動量

Theme 1
力積と運動量

Theme 2
力積と運動量のおやくそく

Theme 3
運動量保存則

問題演習
「力積と運動量」の問題は「向き」が大事!

講義のねらい

「x軸，y軸別々に考える」「向きを決める」力学の基本に戻れば力積と運動量は楽々クリア！

Theme 1

力積と運動量

前講でやった**「力学的エネルギー保存則」**は，力学の解法の中でも一番便利な解法でした。いうならば**力学解法の「王」**でしょう。

今回は最後の解法を教えましょう。たびたびですが，ここでも3つの解法を紹介しておきます。

解法1　運動方程式
解法2　仕事とエネルギー
解法3　力積と運動量

今回は「仕事とエネルギー」とほぼ同じくらい重要な，**力学解法の「女王」**ともいうべき**「力積と運動量」**について勉強しましょう。

Step 1 仕事と力積

力の効果を考えるうえで，まず例として勉強の効果について考えてみましょう。勉強するとき，集中力が大切なのはよくわかります。でも，集中力だけでは勉強の効果を測ることはできません。そこでその集中力で何問解いたのか，あるいは何時間勉強したのかを考えてみるわけです。すると，

①集中力×解いた問題数　　②集中力×勉強時間

という考えかたができるんですね。このように，勉強の効果の測りかたは2通りあります。

それと同じように力の効果の測りかたにも，2通りあります。まず，①**力×移動距離を「仕事」**といいました。これに対して，②**力×時間を「力積」**といいます。

今回はこの**「力積」**について考えます。物体に力を加え，その状態を何秒持続させるのかということがテーマです。

Step 2 ピザ店の金庫残高チェック

キミがピザ店の店長だとしましょう。キミは金庫の残高を毎日チェックします。きのうの残高が100万円で，きょうの売上げは50万円。きょうの残高は当然，きのうときょうをあわせて，150万円ですね。

図4-1

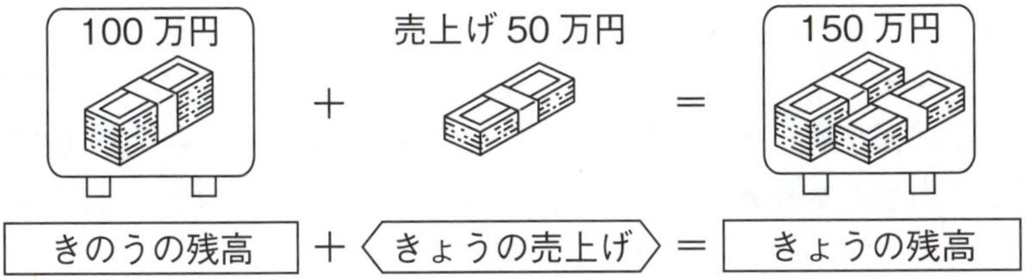

この考えかたと，「仕事とエネルギー」の考えかたは同じです。「仕事とエネルギー」をちょっと復習してみたいと思います。

（復習）仕事とエネルギーの関係

図4-2を見てください。

図4-2

仕事とエネルギー

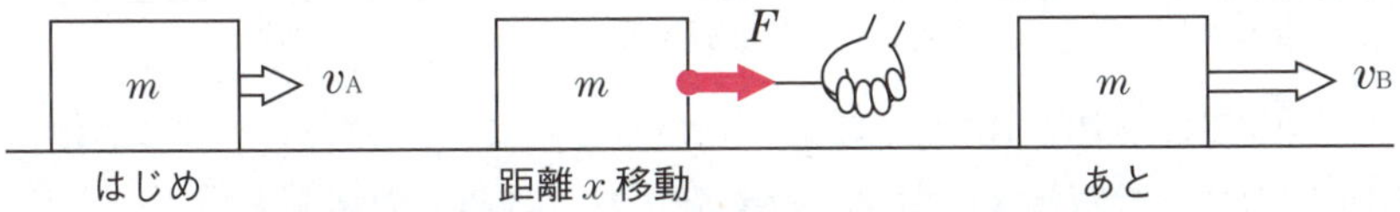

質量mの物体がはじめ速さv_Aで動いています。そしてこの物体に，移動方向と同じ方向に力Fを加え，距離xだけ動かしたとします。このとき物体になされた仕事は$F \times x = F \cdot x$です。そして，距離x動いたあと，この物体は速さv_Bになったとします。

ここで，仕事とエネルギーの関係を式にしましょう（力学的エネルギーには重力の位置エネルギーやばねの位置エネルギーも含まれますが，いまは運動エネルギーのみについて話を進めます）。

$$\frac{1}{2}mv_A^2 + F\cdot x = \frac{1}{2}mv_B^2$$

はじめの運動エネルギーに仕事$F\cdot x$が加わると，あとの運動エネルギーになります。これはピザ店の金庫のきのうの残高100万円にきょうの売上げ50万円が加わり，きょうの残高は150万円になったという考えかたと同じですね。

はじめのエネルギーに加わった仕事$F\cdot x$は外力です。もし，これがなかったら（ピザ店がお休みできょうの売上げがなかったと考えれば），はじめのエネルギーとあとのエネルギーは等しくなりますね。これを**「力学的エネルギー保存則」**といいました。 **【⇒P.61】**

実は**「力積と運動量」**もこれと同じ考えかたなんですよ。それでは，力積と運動量の関係について説明してみましょう。

Step 3 力積と運動量の関係

図4-3を見てください。

力積と運動量 図4-3

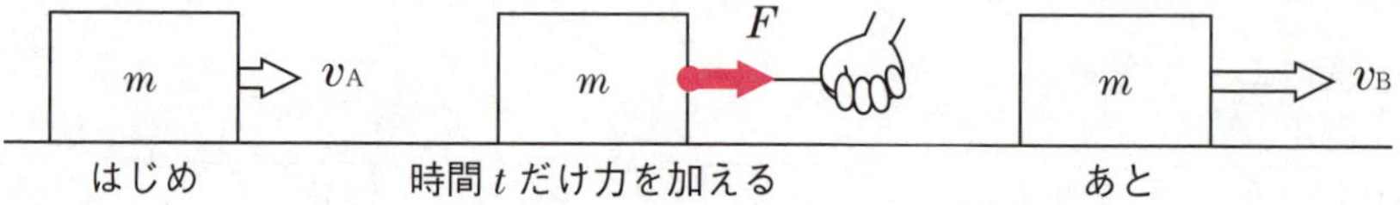

はじめこの物体が速度v_Aで動いているとします。物体に時間tだけ力Fを加えます。このときに力Fの効果を「力×時間＝力積」というように考えましょう。すると式は，力F×時間t＝力積$F\cdot t$ですね。物体に力を加えたわけですから，その結果，当然物体の速度は増加し，v_Bになりました。

仕事→エネルギー，力積→？

はじめの状態に力積$F\cdot t$を加えると，あとの状態になったということですね。このはじめの状態とあとの状態を式でどのように表しましょうか？ $F\cdot t$は仕事ではないのですから，$\frac{1}{2}mv^2$という運動エネルギーにするのはおかしいですね。力積$F\cdot t$と同じ単位をもつ量をもってこなければいけません。

そこで力積に対応する量を**「運動量」**と呼ぶことにします。では「運動量」とは何なのか？　エネルギーに少し似ているんですが，まったく同じではありません。エネルギーのように何か物体を動かす勢いみたいなものです。

結論から言うと，運動量は次のように表されます。

mv（質量×速度）

なぜmvなのかは，少しめんどうな数学を必要としますので，ここでは省略します。

この式の意味は次のようにイメージしましょう。

物体はゆっくり動いていても，重たければ勢いがあるように見えますね（たとえばごっついダンプカーがゆっくり走っていても，勢いがある感じがしませんか？）。物体の速度が大きければまた，もちろん勢いはありますね。つまり質量が大きければ運動量は大きく，また，速度が大きければ，運動量は大きいというわけです。わりと単純ですね。

この運動量を使って，力積と運動量の式を書くと，はじめの運動量mv_Aに力×時間（$F\cdot t$）という力積が加わり，その結果加えられた力積分だけの運動量が増えてあとのmv_Bという運動量になる，ということになります。

つまり，

$$mv_A + F\cdot t = mv_B$$

式の形こそ違え，「力積と運動量」の考えかたは，「仕事とエネルギー」の考えかたとよく似ていることがおわかりいただけたと思います。しかし，「仕事とエネルギー」と「力積と運動量」には大きな違いもあるので，次はそこをしっかりおさえていくことにします。

まとめ—1

力積と運動量の関係式

$$mv_A \quad + \quad F\cdot t \quad = \quad mv_B$$

はじめの運動量＋なされた力積＝あとの運動量

Theme 2

力積と運動量のおやくそく

「仕事とエネルギー」,「力積と運動量」の違いを学ぶために，もう一度,「仕事とエネルギー」に戻ります。

Step 1 仕事とエネルギーには向きがない

実は，これまであまり触れてきませんでしたが，エネルギーというものには,「向き」がないんです。ある物体が,「100のエネルギーをもっている」とか,「200のエネルギーをもっている」と言うことはできますね。でも,「上方向に30のエネルギー」とかって…言いませんね？

エネルギーはたんなる数量

図4-4

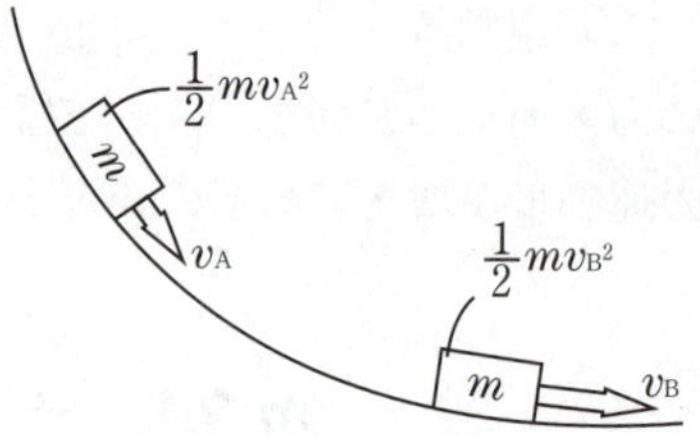

なめらかな面の上に質量mの物体があるとします。はじめの速度はv_Aで$\frac{1}{2}mv_A{}^2$というエネルギーをもっていたとします。それが図4-4のように落ちてきて，速度がv_Bとなり，$\frac{1}{2}mv_B{}^2$というエネルギーをもったとします。

このとき物体は図のようになめらかに曲がった面の上をすべっているので，はじめの速度v_Aとあとの速度v_Bの矢印が指す方向は違いますね。

しかし，仕事とエネルギーの場合は，$\frac{1}{2}mv_A{}^2$というエネルギーはたんなる数量です（5や100のような数と同じ。これを数学の言葉ではスカラーといいます)。物体が上に動こうが，横やななめに動こうが，運動エネルギーとしては同じ数量をもっているから，物体の進む方向が違っていても式を立てられるのです。これが仕事とエネルギーの便利な点です。

Step 2 力積と運動量には向きがある

一方，**力積には向きがある**んです。図4-5を見てください。

図4-5

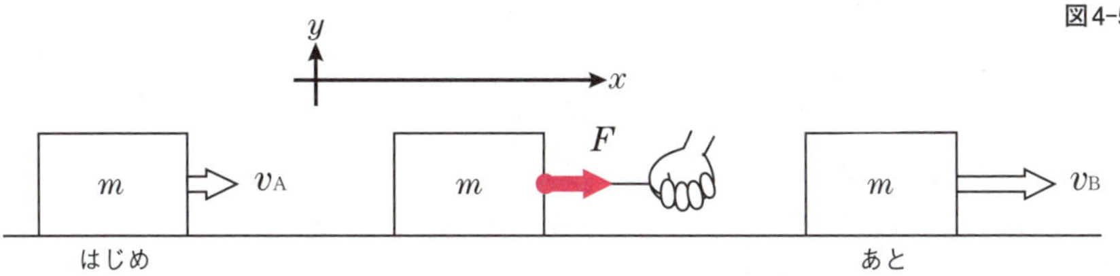

$$m\overrightarrow{v_A} + \overrightarrow{F}\cdot t = m\overrightarrow{v_B}$$

はじめの運動量　　力積　　あとの運動量

右向きの速度v_Aをもつ物体に力Fを加え，時間tだけ移動させます。このとき，力積と運動量の関係式が成り立つためには，物体に加えられた力積$F\cdot t$も，同じ右側を向いていなければならないのです。つまり，**力積や運動量は向きのある量**なのです（これを数学の言葉ではベクトルといいます）。このことを表すために，力Fと速度vの上に矢印でも書いておきましょう。

だから運動量mvについて考えるときは，（運動エネルギー$\frac{1}{2}mv^2$とは違って）物体がどの方向を向いているのかを必ず考えないといけないのです。

それでは，力積と運動量を使って問題を解く場合にはどうすればいいのかというと，図4-5のように座標軸をとるのです（x軸方向，y軸方向というように）。すなわち，**x軸方向とy軸方向の成分に分けて考えて，別々に式を立て**てあげればいいということになりますね。この「**別々に**」というのがポイントなんです。

力積と運動量の関係式は，
x軸方向，y軸方向，
別々に 立てる。

橋元流●力積と運動量の考えかた

1. 物体に働いている力の向きが力積の向き
2. 力積と運動量の関係式はx軸方向，y軸方向，**別々に**考えよ

なんだか，めんどうくさいように感じられますが，「x軸方向の力積と運動量の関係，y軸方向の力積と運動量の関係…」というように難しく考える問題は高校物理の範囲ではあまり出ません。x軸方向を考えるとき，y軸方向は考えなくてもいいということですから，むしろラクだということですね。

Theme 3

運動量保存則

再びこの式を見てください。

$$m\vec{v}_A + \vec{F}\cdot t = m\vec{v}_B$$

もし，力積がなかったらどうでしょうか？　力積が0になった場合です。

Step 1 力積がなかったら…

「力が仕事をしないとき，はじめのエネルギーとあとのエネルギーが等しい」というのは「力学的エネルギー保存則」でした。外力である力積が0ならば，はじめの運動量とあとの運動量は当然等しいことになります。これを**「運動量保存則」**といいます。

外力による力積が0のとき，

はじめの運動量 ＝ あとの運動量

実はこの運動量保存則，力学的エネルギー保存則と同じくらい使える解法なんですよ。力学的エネルギー保存則が「王」であれば，運動量保存則はさしずめ「女王」でしょう。「力積と運動量」が「仕事とエネルギー」と違うところは，向きがあるということ，すなわち，x軸方向とy軸方向に別々に式を立てなければいけないということだけです。

外力0＝力積0

図4-6のように，物体を右に動かしているのに垂直に力を加えても仕事にはなりませんでした。第3講の遊んでいるC君ですよ。覚えていますか？　移動方向に垂直に（垂直抗力のような）外力Fを加えても仕事はなされないんですね。【⇒P.54】

図4-6

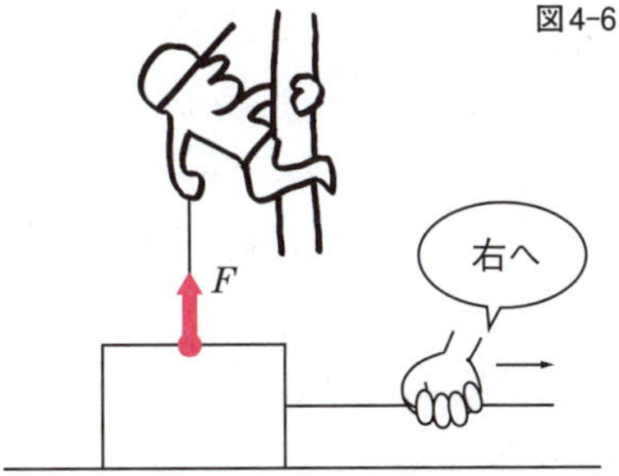

このように，仕事の場合は，力が働いているのに仕事は0，ということがありうるわけです。しかし，力積の場合は単純です。力積は力×時間なので，ある時間だけ力が加わると，必ず力積は生じるんです。外力があるのに力積が0になるということはありえません。**何か力が加わったとき，必ず力積はある。**逆に，力が加わらなければ力積は生じないんです。

まとめ―2

運動量保存則が成り立つ場合は?……………………

外力（による力積）が0のとき，運動量保存則が成り立つ。

Step 2 運動量保存則を使おう

運動量保存則を使った問題の解きかたを，よく出てくる問題を通して説明したいと思います。

【例題】

質量mの弾丸Aが速度v_1で，質量Mの木のかたまりBが速度v_2で空中を水平右方向に飛んでいる（図4-7）。弾丸AはかたまりBに衝突し，図4-8のようにめり込んだ。

その後，2物体は一体となって動き出した。そのときの速度を求めよ。

図4-7

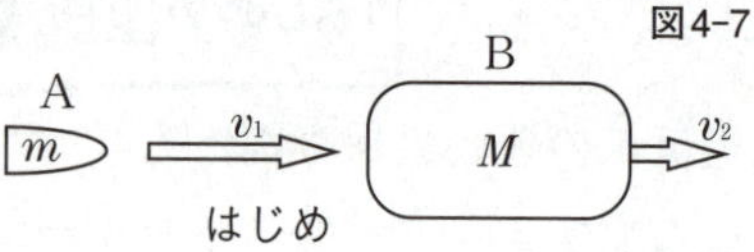

図4-8

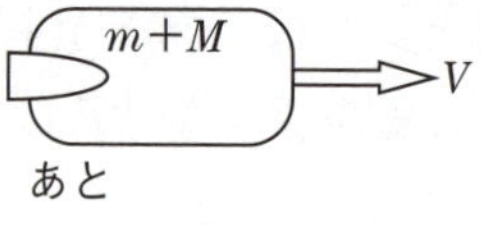

橋元流で解く！

準備 図4-7を「はじめ」，図4-8を「あと」としておきましょう。弾丸Aと木のかたまりBに働く外力は重力だけですが，AとBはともに水平方向に運動しているので鉛直方向の力積となる重力のことは考えないことにします（実は，このような衝突の問題では，方向にかかわりなく，重力などの力の影響は考えなくてよいのです（詳しくは第5講））。

END

着目！ 弾丸Aに着目します。はじめは何も力を受けていませんね。しかし，木のかたまりBにめり込んだ瞬間に（《タッチ》している）Bから図4-9(a)のように衝撃力を受けます。この力の大きさをfとします。木のかたまりBは，はじめはほかから何も力を受けませんが，弾丸Aがめり込むとAから衝撃力を受けるでしょう。この力の大きさは弾丸Aが木のかたまりBから受けた衝撃力の大きさfと同じfになります（図4-9(b)）。作用・反作用の法則ですね。

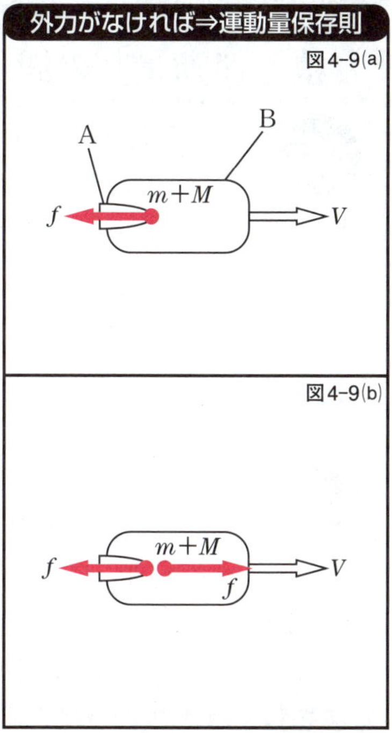

つまり2つの物体がぶつかりあって何か力を及ぼしあったとき，お互いから受ける力は同じ大きさで向きが逆ですから，トータルで0ということになります。このように**AとB両方に着目すると**，（水平方向の）力は0，つまり**力積は0**ですね。よって**水平方向に関して運動量保存則**を使えます。 END

全体（A＋B）で運動量保存則が成り立つ

AとBはともに水平右向きに動いています。x軸（水平）方向だけの式を立てます。A＋Bの運動量保存則の式です。

$$mv_1 + Mv_2 = (m + M)V$$

$mv_1 + Mv_2$ははじめの運動量，$(m + M)V$はあとの運動量です。$(m + M)$とは弾丸が木にめり込んだ状態（A＋B）での質量のことですね。この式からあとの速度Vを求めましょう。

$$mv_1 + Mv_2 = (m + M)V$$

$$V = \frac{mv_1 + Mv_2}{m + M} \quad \cdots\cdots\cdots \quad \text{答え}$$

以上が運動量保存則の解きかたの基本です。簡単ですね。

問題演習

「力積と運動量」の問題は「向き」が大事！

1 質量mのボールが鉛直な壁に速さvで水平左方向からぶつかり，速さvで水平左方向にはねかえった。このときボールが壁から受けた力積の大きさはいくらか。また，その向きはどちらか。

図4-10

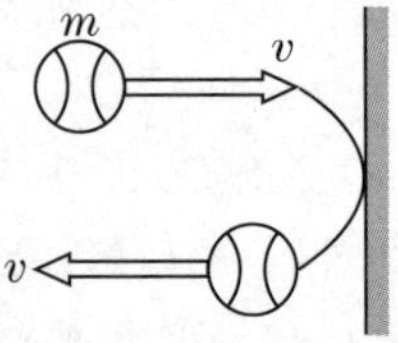

非常に簡単な問題ですが，この中に力積と運動量のエッセンスがつまっていますから，ていねいにいきましょう。

力学をちょっとかじった人はこの問題を読んだときに，こんなふうに考えてしまうんです。

力学をちょっとかじったA君の解答

図4-11

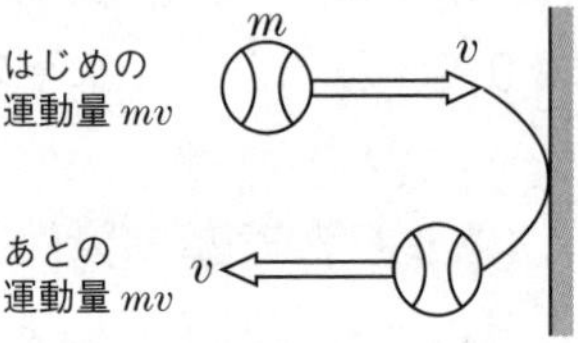

図4-11を見ます。ボールが壁にぶつかるまえの運動量はmvです。そしてはねかえったときのボールの速さはvのままなので，あとの運動量もmvである→はじめとあとの運動量は等しい。「だから運動量保存則だ！」とA君。

大マチガイです。こんな運動量保存則は成り立ちません。なぜなら，はじめとあとの運動量は本当は等しくないからです。

“速さ”と“速度”

着目！ 問題では，物体は「速さvでぶつかり，速さvではねかえる」とあります。この「速さ」という言葉に注目しましょう。「速さ」とはプラスの量のことです。

具体的に数字を入れてみましょう(図4-12)。たとえば速さ10m/sで壁にぶつかって，そして速さ10m/sではねかえったとしましょう。このときマイナス10m/sの速さとは言いませんね。速さはプラスの量(数学でいう「絶対値」)で表すことが約束です。10でぶつかり，10ではねかえる場合，向きが変わります。**「力積と運動量は向きのある量」**と言いましたね。注意しましょう。END

図4-12

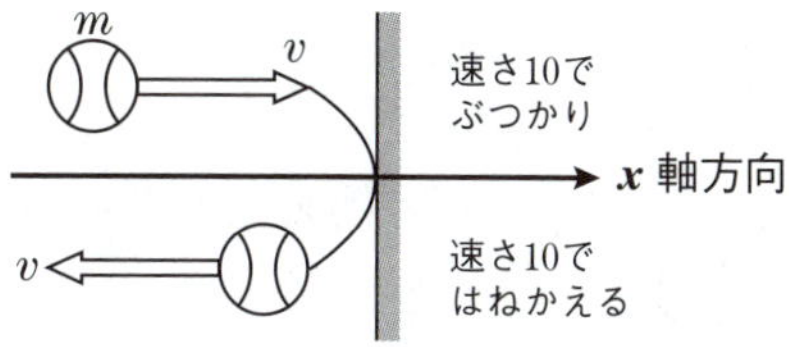

準備 ボールがぶつかっていく方向を正方向(x軸)とします。今度は「速度」という言葉を使います。速さはプラスですが，速度は向きがあると考えてください。速度10でぶつかり，速度－10ではねかえるということですね(右向きが正なので左にはねかえるのはマイナスです)。これを記号に書きかえると，「速度vでぶつかり」，「速度$-v$ではねかえる」ということになります。すると，はじめの運動量はmvですが，あとの運動量は$-mv$となります。すなわち運動量は変化しているということですね。

たとえば，ボクが誰かから1000円借りたとします。借りてしまうと借金ですから，「－1000円」ということですね。逆に自分が持っている場合は「＋1000円」。「人から借りた1000円も自分のお金にしよう」なんて，ダメですね。これは区別しなければなりません。それと同じです。右向きの運動量mvと左向きの運動量mvは区別しなければならないのです。END

着目! 運動量が変化しているということは，ボールに外力が加わったはずですね。では，ボールにいつ外力が加わったのでしょうか？　図4-13(a)を見てください。

ボールが壁に当たった瞬間，ボールはグシャッとつぶれますね。そのときに壁から衝撃力を受けるはずです。強い衝撃力を受けたため，ボールは「水平左方向にはねかえった」のです。壁に衝突していた時間(tとおく)は短いけれど存在しています。ボールはそ

ホントに外力0？

図4-13(a)

の時間に左方向に力（Fとおく）を受けたんです。ですから力積$F \cdot t$が生じるはずです。

END

橋元流で解く！

力積と運動量を考えるときは座標軸をとることが大事です。この場合，x軸方向だけ，きっちりと決めます。右向きを正方向としましょう（図4-13(b)）。

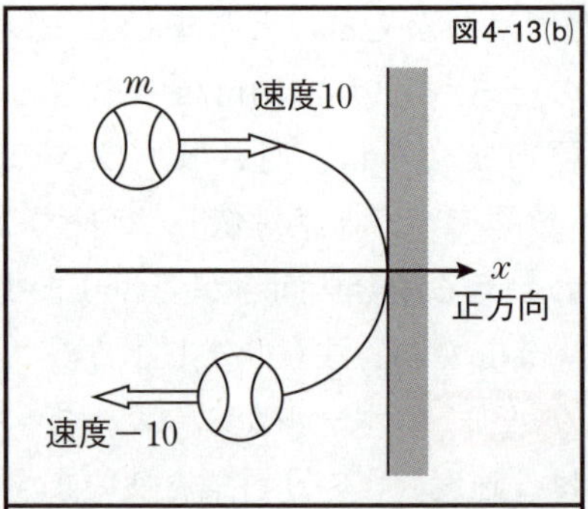

そして運動量を考えるときは「速度」を使います。問題文では「速さvでぶつかり，速さvではねかえった」とありますが，速度で表すと「速度vでぶつかり，速度$-v$ではねかえった」ということになりますね。

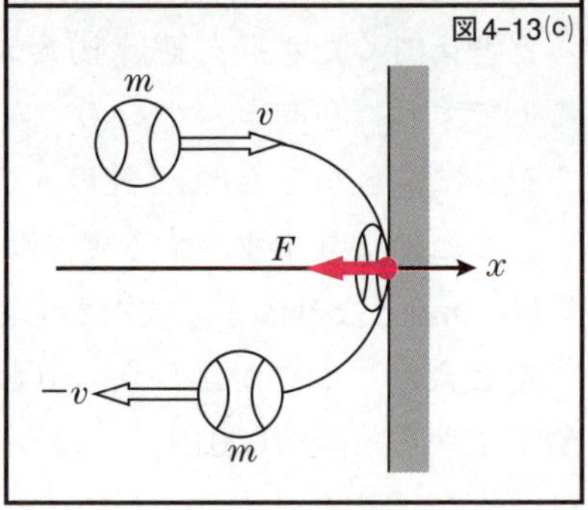

ボールが壁にぶつかった瞬間，図4-13(c)のようにボールは左方向に衝撃力を受けます。これをFとします。またボールが当たっていた時間をtとすると，ボールが壁から受ける力積は$F \cdot t$ですね。そしてあとの運動量は左方向ですから，$m(-v)$ということになります。

よって水平方向（右方向を正）の力積と運動量の関係は，

$$mv + F \cdot t = m(-v)$$

はじめの運動量　　壁から受ける力積　　あとの運動量

ここで力積$F \cdot t$はマイナスではないかと心配している諸君へアドバイス。単純に力積$+F \cdot t$が加わるとしておくのが簡単に答えを出すためのコツなのです。プラスかマイナスかは，計算結果が示してくれます。

$$\therefore \quad F \cdot t = -2mv$$

これがボールが壁から受ける力積です。マイナスがついていますね。右方向が正だから，力積はマイナス方向，つまり左方向に働いているという意味なんです。言いかえれば，「向きは左方向で，その大きさは$2mv$」ということです。よって答えは，

向きは左方向，大きさは$2mv$ ………… 答え

ちょっと余談ですが，逆に壁がボールから受ける力積の方向はどちらでしょうか？　壁の立場になって考えてみると，右向きですね。わかりますね。いいですか？　そしてその大きさは，ボールが壁から$2mv$の力積を受けるならば，反対に壁はボールから$2mv$の力積を受けるわけです。これは作用・反作用の法則ですね。

橋元流●力積と運動量の解きかたのコツ

力積と運動量の問題を解くときは，物体のはじめの移動方向を正とする。「向き」をとるということは力積と運動量の問題では不可欠!!

2 図4-14のようになめらかな水平面上に質量Mの台車が静止している。台車の上面は水平で，その上に質量mの小物体が速度v_0ですべり込んできた。小物体は台車の上面から動摩擦力を受けて減速し，逆に台車は小物体から動摩擦力を受けて動きはじめた。やがて時間Tのあと，小物体と台車は一体となって，速度Vで等速度運動するようになった。

図4-14

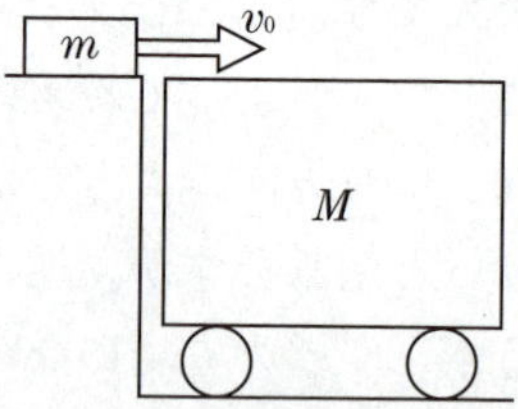

小物体と台車との間の動摩擦係数をμ，重力加速度の大きさをgとして，以下の問に答えよ。

(1) 時間Tを求めよ。

(2) 速度Vを求めよ。

橋元流で解く！ この問題は典型的な入試問題ですね。正しく問題文を理解することがポイントとなってきます。

ここで「物理はイメージ」だということを思い出してください。たんなる図や絵じゃなくて，「そこでどんなことが起こっているか」をイメージできることがポイントとなります。「ああ，こういうことになって，こんなことが起こったんだ…」という具合にね。

問題文で，「やがて時間Tのあと，小物体と台車は一体となって，速度Vで等速度運動するようになった」とありますが，なぜ一体となったのでしょうか？　イメージをする練習をしましょう。

準備 図4-15(a)のように台車Bとその上に小物体Aがあります。台車Bは静止しています。小物体Aが速度v_0ですべり込んできたとします。ここで，どんなことが起こるでしょうか？

小物体と台車が一体となる

図4-15(a)

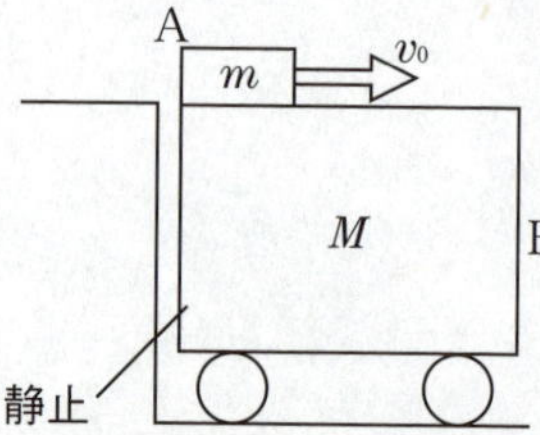

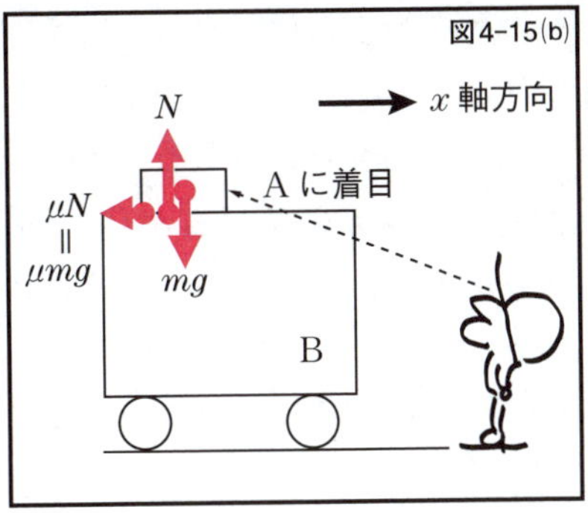

《タッチ》の定理で小物体Aに働く力を描きましょう。まずは重力mg。そして台車Bの面から受ける垂直抗力N，さらにBが静止していてAが右方向に動くんですから，動摩擦力μNが左方向に働きます（図4-15(b)）。

さらに移動方向（右）にx軸，鉛直方向にy軸をとります。この物体は上下には絶対動かないから，y軸方向に関しては静止していますね。つまり，上向きの垂直抗力Nと下向きの重力mgはつりあっているということです。$N = mg$ですから，動摩擦力は$\mu N = \mu mg$ですね。いいですか？こうしてときどき，基本に戻ってチェックするといいでしょう。

本題に戻ります。小物体Aは，はじめ速度v_0で右方向に動いていますが，それに対してジャマをする方向に動摩擦力μmgが働いているので，Aは減速することになりますね。

着目！ これも復習ですが，速度のグラフ「**v-tグラフ**」をちょっと思い出してください。試験場で描く必要はないのですが，イメージをわかせるための練習ですからね。Aのv-tグラフを描きます（図4-16(a)）。Aは初速度v_0をもっていてだんだん減速するからグラフの傾きは右下がりです。 END

$v-t$グラフでイメージ！

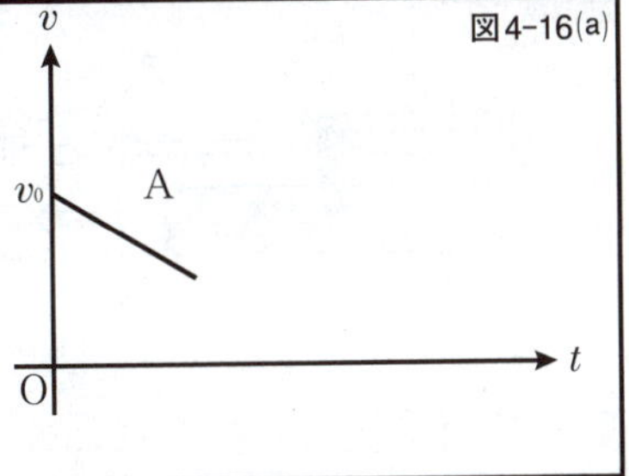

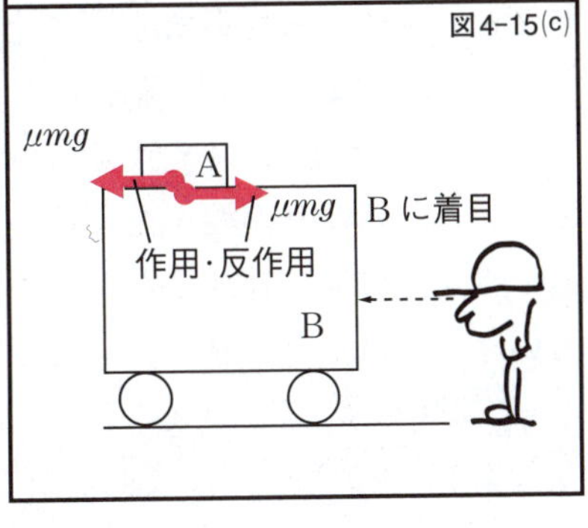

次はBに着目しましょう（図4-15(c)）。Bに働く力を考えます。鉛直方向の力（重力や垂直抗力）は省略します。そしてなめらかな水平面の上に乗っているから，水平面から受ける摩擦力はありません。

考えるべき力は《タッチ》している小物体Aから受ける力です。もちろん，Aからの垂直抗力がありますが，これも鉛直方向の力なので，省略します。大事なのはAから受ける動摩擦力ですね。AはBから左方向に動摩擦力μmgを受けるから，Bは同じ大きさで反対方向（右）に動摩擦力μmgを受ける（作用・反作用の法則）。いいですね。

そこでBはどんな運動をするかというと，はじめは止まっていますが，右方向に動摩擦力μmgを受けるので，右方向に加速するはずです。

着目! ではBのv-tグラフを描いてみます（図4-16(b)）。Bははじめ，静止しているのだから，原点からグラフは右上がりに伸びていきますね。ここまでよろしいですか？このグラフを見ると，**どこかで必ず小物体Aと台車Bは同じ速さになります。**同じ速さになったときに何が起こるのか，イメージすることがポイントです。

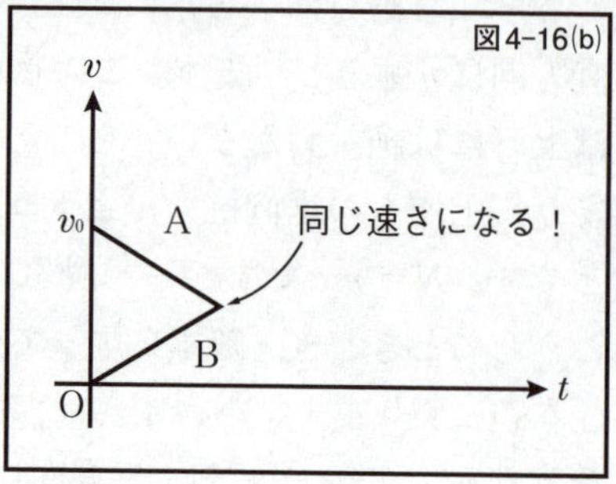

図4-16(b)

END

LIVE

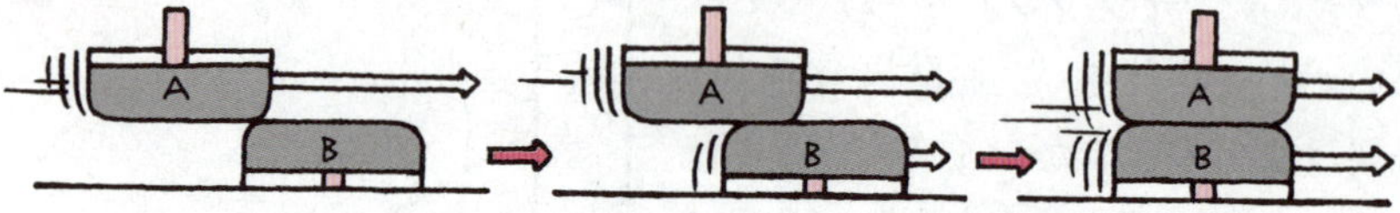

こちらを見てください。はじめ静止しているBにAが乗り込んできてずーっとすべっていきます。そして，摩擦力によってBも動きはじめます。はじめはAの方が速いわけです。ところがBがだんだん追いつき，やがては同じ速さになります。ということは，AとBはいっしょになって動いていくということです。

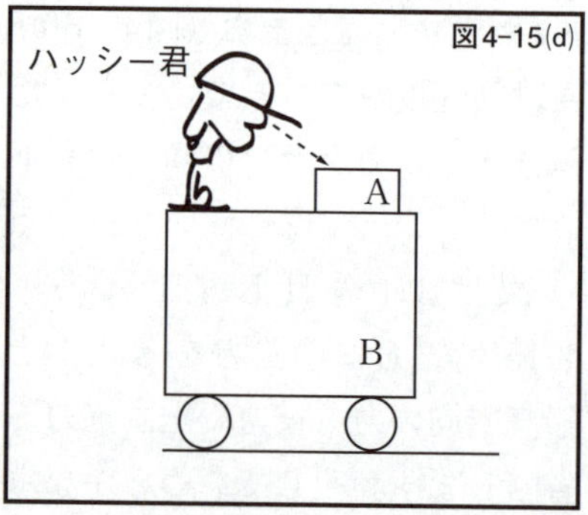

図4-15(d)

図4-15(d)のようにBに乗った立場からAを見てみます。AははじめB

に対して右方向に動いています。Bの左端にいるハッシー君から見ると遠ざかっているように見えますね。でもAとBの速度が同じになると，Aは止まっているように見えるわけです。要するに物体Bに乗っているハッシー君にとって，Aはだんだん減速して止まったように見えるのです。台の上に何か物体をスーッとすべらせたときをイメージしてください。摩擦力が働いてやがては止まりますよね。それと同じです。

着目!　v-tグラフをもう一度見てください（図4-16(c)）。このグラフをずーっと伸ばすと，Aはやがて止まり，Bはどんどん加速していくことになります。そうなると変なことが起こります。

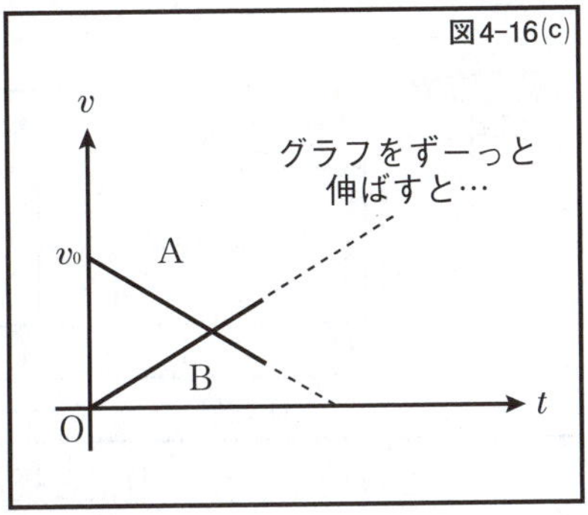

こちらを見てください。このように台の上で黒板消しをスーッと動かすと，摩擦力によって止まる。その後も同じ摩擦力が働きつづけて今度はかえってくる…なんてこと，ありえませんね。黒板消しは止まれば，それっきりです。

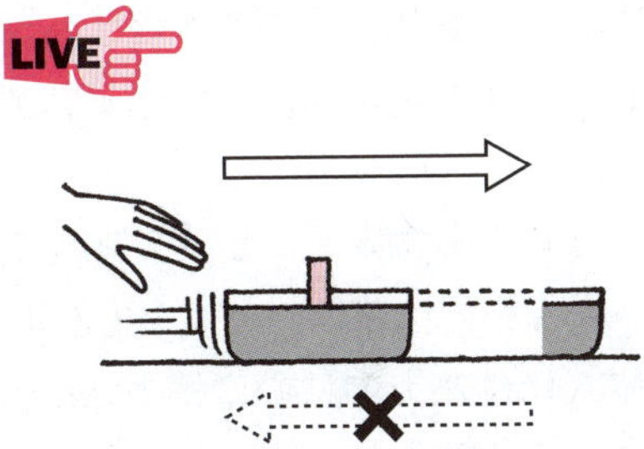

すなわち，小物体Aが台車Bの上で止まったあとは，AとBは一体となって等速度運動をつづけていくのです。

ですから，v-tグラフは図4-16(d)のようになるはずです。これが問題文の「やがて時間Tのあと，小物体と台車は一体となって，速度Vで等速度運動するようになった」の意味なんです。

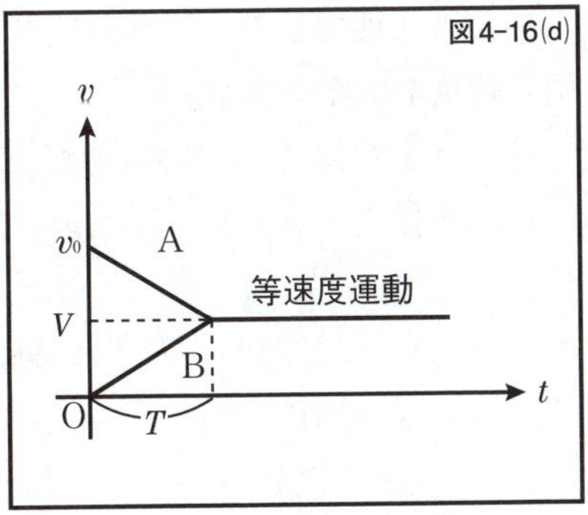

もう一度強調しておきます。

物理はイメージ！！

「こうやって小物体と台車は一体になったんだなあ…」と頭の中でイメージできたら，もう，しめたものです。答案用紙のはしっこに絵を描いてイメージしてもらってもいいんですよ。イメージがわかないのに，式を立てようとして頭がこんがらがるのは最悪のパターンです。時間をかけてでもイメージをわかせてください。イメージをしてから，式を立てる習慣をつけましょう。 END

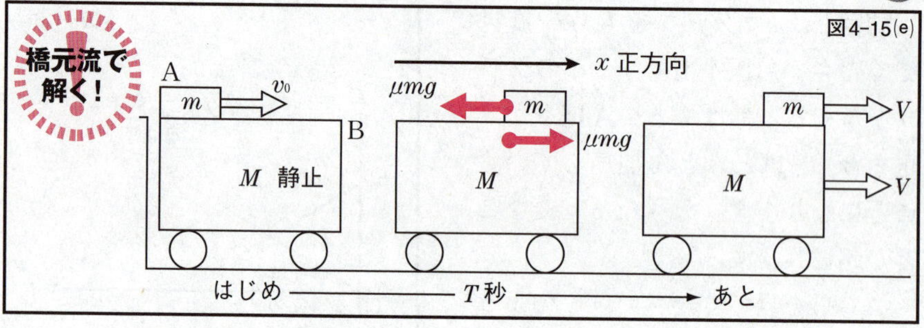

このあとは簡単です。力積と運動量の関係式を立てましょう。

(1)(2) 図4-15(e)を見てください。大きく3つの図を描くといいですね。「はじめ」，「力積が加わっている状態」，「あと」，というように図を描くんです。

はじめ小物体はv_0という速度で動きます。台車は静止しています。

真ん中の図には，どんな力が働いているのかを描いてみましょう。小物体Aには左方向に動摩擦力μmgが働きます。台車Bには右方向に動摩擦力μmgが働きます。

あとの状態ですが，物体は同じ速度で一体になるから，小物体も台車も同じ速度Vになります。

まずは小物体Aについて力積と運動量の関係を式にしましょう。

小物体A：$mv_0 + (-\mu mg \cdot T) = mV$ ………①

（はじめの運動量）（なされた力積）（あとの運動量）

（加わる力積は移動方向と逆向き）

台車B：$0 + \mu mg \cdot T = MV$ ………②

（はじめの運動量）（なされた力積）（あとの運動量）

（加わる力積は移動方向と同じ向き）

あとは簡単な計算です。時間Tと速度Vを求めればいいのですから，式

①と式②を連立方程式として解けばいいのです。ここの2つの式をよく見ると，式①と式②の足し算で式が簡単になると気づきませんか？ $-\mu mg\cdot T$と$\mu mg\cdot T$を足すと，消去できます。

式①＋式②より，

$$mv_0 = (m+M)V$$

$$\therefore \quad V = \frac{mv_0}{m+M}$$ ………(2)の **答え**

今度はTを求めましょう。

式②より $T = \dfrac{MV}{\mu mg}$

$V = \dfrac{mv_0}{m+M}$を代入して，

$$T = \frac{Mv_0}{\mu g(m+M)}$$ ………(1)の **答え**

ここでもう一度，図4-15(e)を見てください。(2)の「一体となったときの速度を求めよ。」だけが問題だった場合，うまく解く方法があります。

先ほどの例題と同じことです。思い出してください。なんか似てませんか？　小物体が弾丸で，台車が木のかたまりだと思ってください。わかってきたでしょう？

そうです，運動量保存則です。これまでの解法では，小物体と台車を別々に考えたから力積と運動量の関係式を立てたのです。

しかし，**小物体と台車をあわせて**考えてみると，$\mu mg\cdot T$と$-\mu mg\cdot T$を足して0だから，運動量保存則を使えるではありませんか！

橋元流で解く！

速度Vだけを求める場合

(2)　全体（A＋B）の運動量保存則

$$\underset{\text{はじめの A+Bの運動量}}{mv_0} = \underset{\text{あとの A+Bの運動量}}{(m+M)V}$$

この式は式①＋式②で$\mu mg\cdot T$を消したのと同じ式です。

すぐにVが求まります。

$$V = \frac{mv_0}{m+M}$$ ………(2)の **答え**

このようにして，力積と運動量の関係式を用いたときと同じ答えが出てきました。

ポイントは問題文で何が問われているのかを注意して考えることです。時間が問われていれば，力積と運動量の関係式を立てますし，速度だけ問われていれば，運動量保存則でもオッケーなのです（もちろん，全体として外力が0であることを確認したうえで)。

では，第4講はここまでにします。

第5講

2物体の衝突

Theme 1
衝突

Theme 2
はねかえり係数

Theme 3
正面衝突

問題演習
物体が衝突した瞬間をイメージしよう！

講義のねらい

2物体の衝突は衝突の直前と直後で常に「運動量保存則」が成立する。
衝突は「力積と運動量」の応用編だ！

Theme 1

衝突

今回は**「2物体の衝突」**をやりましょう。実は，この問題はいつも**「運動量保存則」**によって解くことができます。どうして衝突の問題に運動量保存則を使うのでしょうか？

Step 1 いろいろな衝突

衝突にもいろいろあることを，説明したいと思います。衝突の問題はだいたい3種類に分かれます（図5-1 ～ 3）。

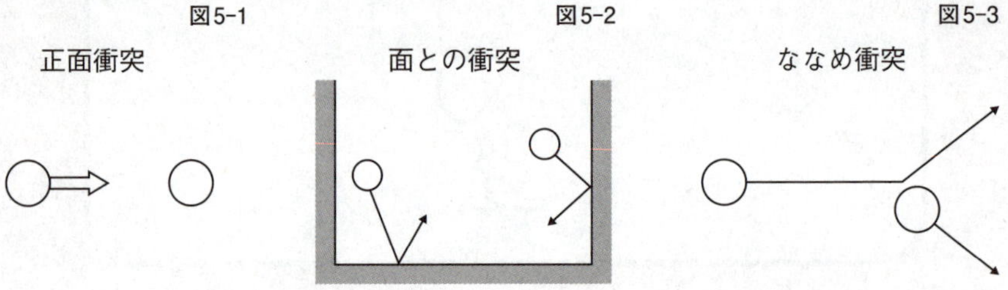

図5-1
正面衝突
図5-2
面との衝突
図5-3
ななめ衝突

1番目が「正面衝突」です（図5-1）。2つの物体が正面からぶつかりあうだけでなく，うしろの物体がまえの物体に追突したりすることも含みますが，要するに一直線上で2つの物体が衝突することです。

2番目は「面との衝突」（図5-2）。ボールが床や壁にぶつかってはねかえる状況です。このタイプは高校物理では，ごく簡単な場合しかとり扱いません。

3番目は「ななめ衝突」です（図5-3）。一直線上ではなく，少しズレたところに当たるとボールはななめに飛んでいきます。また，当てられたボールもななめに飛んでいきますね。高校物理では「ななめ衝突」が出題されることはまずないでしょう。

そこで今回は，力学の問題で一番出題される「正面衝突」をやります。ということで，なぜ正面衝突と運動量保存則が関係あるのか，考えていきましょう。

Step 2 衝突の特徴

まず衝突の特徴から考えてみたいと思います。衝突とは2つの物体が激しくぶつかりあう状況ですね。一瞬で起こる現象です。物体がゆっくり接触して，触れあいながら動く状況とは違いますね。つまり，きわめて短時間で起こるということが，衝突の特徴の1つです。

図5-4

たとえば，野球でデッドボールを受けたときの衝撃力をイメージしてください（図5-4）。きわめて短時間のうちに，きわめて大きな衝撃力が働きますね。これこそが衝突の特徴です！

衝突の瞬間に働く力

衝撃力に比べれば，mg も kx も小さい

図5-5(a)

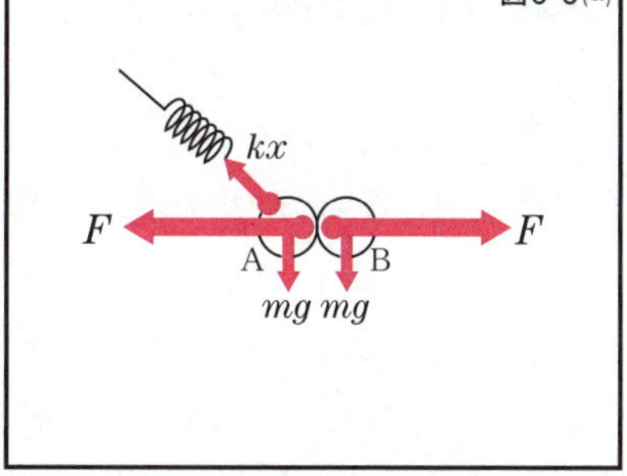

次に，衝突の瞬間に物体にどんな力が働くかを考えてみましょうか。たとえば，ばねのついた物体Aに別の物体Bが飛んできて，正面衝突したとします(図5-5(a))。この2つの物体にどんな力が働くでしょうか？

まず，1番目には重力ですね。A，Bともに質量 m として，mg です。次に《タッチ》の定理より，Aにはばねの力（kx としておきます）が働きます。さらにAはぶつかってきたBから力を受けます。その力は**きわめて大きな衝撃力**です。F としておきます。これに比べて重力 mg やばねの力 kx は非常に小さい力といえますね。

イメージしてください。キミはバッターボックスに入ってバットを持っています。バットの重さを感じますね。そのときデッドボールを受けました（ボールが直撃したときに感じる力が衝撃力です）。バットを支えている力なんて，衝撃力に比べたら，微々たるものでしょう。

図5-5(a)に戻ってください。物体Aが衝撃力Fを左向きに受ければ，同様に物体Bも衝撃力Fを右向きに受けますね。これは作用・反作用の法則でした。では，ここまでをふまえてStep 3に行きましょう。

Step 3 衝突では衝撃力以外の力積は無視できる

2物体全体で考えると…

図5-5(b)を見てください。衝撃力Fがそれぞれの物体に及ぼす力積（力×時間）は相当なものでしょう。しかしA＋B全体で見ると作用・反作用の法則によって，この衝撃力は打ち消しあいます。要するに**互いの衝撃力はA＋B全体で見ると0であり，力積はない**のです。

図5-5(b)

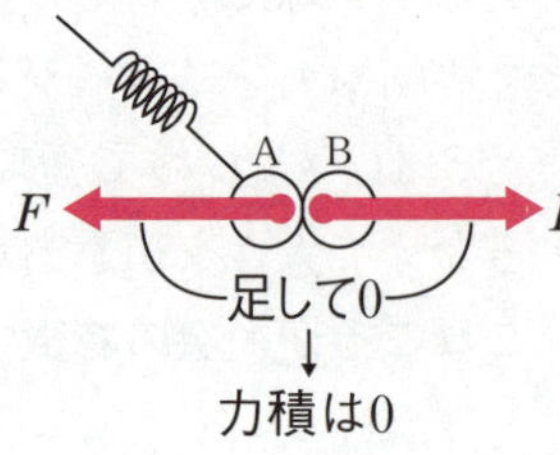

衝撃力以外の力は小さい

では，重力とばねの力積はどうでしょう？　衝突はきわめて短時間（$\frac{1}{100}$秒ぐらい）のうちに起こるので，重力やその他の力（衝撃力よりもはるかに小さい）がその間に物体に及ぼす力積はほとんど無視できるでしょう。イメージしてください。デッドボールを受けたら，その瞬間ボールから強い衝撃力は感じられるけれど，バットの重さなんて感じられませんね。いいですか？　衝突の瞬間のような**短時間内に，小さな力（重力など）が物体に及ぼす力積は，衝撃力の力積に比べてきわめて小さい**のです。つまり，2つの物体が衝突したときに重力や摩擦力が働いたとしても，衝突という一瞬の出来事の間に生じる力積は無視できるというわけです。

衝突に運動量保存則が関係するワケ

衝突の瞬間，重力やばねなどの小さな力積は無視できることがわかりました。さらに，衝突しあう物体の衝撃力は打ち消しあいますね。つまり，

衝突直前の運動量＝衝突直後の運動量

∴運動量保存則が成り立つ

2物体の衝突では，ばねがあろうが重力があろうが，常に運動量保存則が成り立つのです。

2物体がゆっくり相互作用をするときの力積は？

図5-6

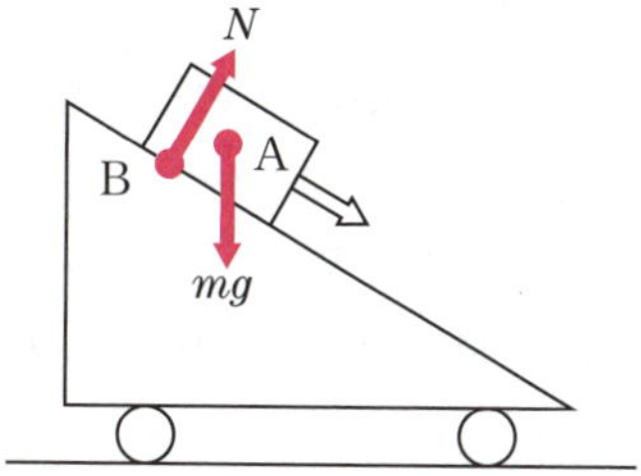

図5-6を見てください。台車Bがあります。その上を物体Aがすべり落ちます。このときAとBは互いに力を及ぼしあうわけです。重力や垂直抗力といった力がじわじわと働きますね。こういう力が及ぼす力積は無視できません。もちろん，このようなケースの問題を運動量保存則で解くやりかたもあります。でもそのときには十分注意して考えなくてはいけません。まあ，それは高度な問題です。

とにかく，2物体が激しくぶつかりあう衝突の問題では，運動量保存則が使えるんだということを，覚えてください。

まとめ―3

2物体（A＋B）の衝突……………………………

全体（A＋B）で考えると衝突の瞬間に重力やその他の力が物体に及ぼす力積は無視できる。ゆえに衝突直前と直後で運動量保存則が成り立つ。

Theme 2
はねかえり係数

実は，衝突の問題は，運動量保存則だけでは解けません。もう1つだけ覚えるべき式があるのです。しかし，そのまえに，衝突の問題を解くときの座標軸のとりかたを知っておきましょう。

Step 1 衝突における座標軸のとりかた

イメージをわかせるために絵を描きます（図5-7(a)）。質量Mの物体Aが速度Vで動き，速度vで進む質量mの物体Bに衝突するとしましょう。

図5-7(b)を見てください。AはBにぶつかったあと速度V'に，また物体Bも速度v'に変わりました。

ここで迷いが生じます。ボクは物体Aの右側に速度の矢印V'を描きましたが，「物体ははじきかえされるから，矢印は左向きになるんじゃないの？」と思う人もいるでしょう。しかし，そういうことで悩む必要はまったくありません。物体がどっちの方向に行くかわからなくても，必ず図のようにすべて右向きに速度の矢印を入れてください。これが衝突の問題を解くコツなんです。

はじめの移動方向を㊣としよう！

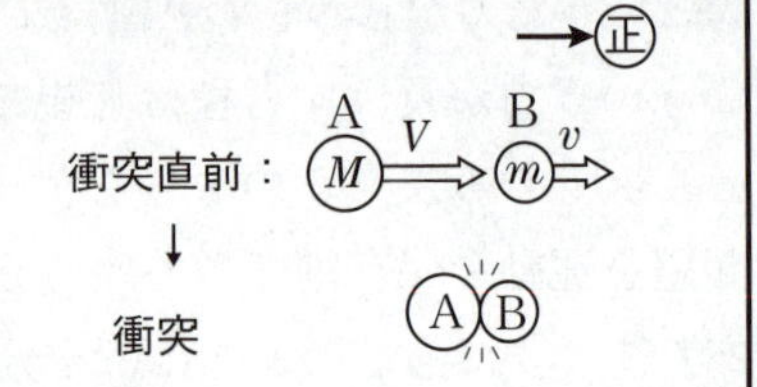

図5-7(a)

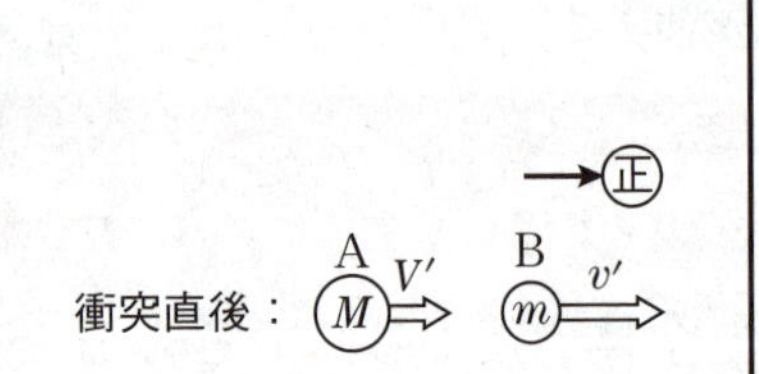

図5-7(b)

誤解のないように，きちんと説明しましょう。衝突の問題は，運動量保存則を使うので，必ず座標軸をとらないといけません。そのとき，**衝突まえに物体が動いている方向を正方向**とします（Aが右方向，Bが左方向などというときは，どちらか一方に決めてください）。このように，座標軸の向きを決めたら，衝突後物体が右へ行こうが，左へ行こうが，そんなことは気にすることなく，**座標軸の正方向に速度の矢印を描いてしまえばいい**のです。

橋元流●衝突の問題の解法チェック

衝突まえに物体が動いている方向を正方向とする。また衝突後はすべての物体が正方向に動いていると考える。これが問題を解くコツ!!

こうして座標軸と速度の矢印を描いたら，運動量保存則の式を立てましょう。もちろん，AとB全体における式です。

まずは衝突直前の運動量は，

$MV + mv$

ですね。

そして衝突直後の全体の運動量ですが，ここで「物体ははじきかえされたかもしれないから…マイナス??」なんて考え出したら，頭が混乱します。ですから，すべての物体が仮に正方向に動いているとするんです。すると単純に，衝突直後のAとB全体の運動量は，

$MV' + mv'$

となります。

そこで，運動量保存則は，

$$MV + mv = MV' + mv' \quad \cdots\cdots ①（運動量保存則の式）$$

いろいろと悩むキミは「衝突して逆向きに進むからやっぱりマイナスがつくよ…」と思うでしょう。しかし，**衝突後の向きは計算結果にまかせればいい**のです。もし，Aがはじきかえされてマイナスの値になるのなら，V'の値はひとりでにマイナスという答えが出てきます。

衝突の問題は「ぶつかったあとの物体Aの速度V'と物体Bの速度v'を求めなさい」というパターンがほとんどを占めています。

つまり，V'とv'を求めることが目的なのですが，未知数2つに式が1つだけでは計算できませんね。衝突の問題は，運動量保存則だけでは解けな

いということなんです。

で，Theme 2の本題に入りますが，もう1つ覚えていただく式が，**「はねかえり係数」**と呼ばれるものなのです。

Step 2 はねかえり係数の考えかた

第2講Theme 4でも少しお話をしましたが，ここであらためてはねかえり係数の意味を考えてみます。そんなに難しくはありません。単純ですよ。

図5-8(a)を見てください。ボールが壁に当たってはねかえりました。それをハッシー君が見ています。いま，ボールが速さ10でぶつかり，速さ5ではねかえったとしましょう(ボールの速さは当たったときよりも，はねかえったときの方が遅いのがふつうですね)。では，このボールのはねかえり係数はいくらでしょうか？

はねかえり係数も「向き」が重要

図5-8(a)

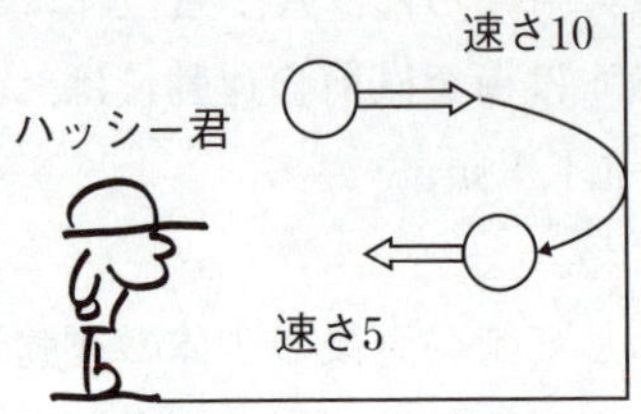

10でぶつかり，5ではねかえるのだから，$\frac{5}{10}=0.5$とするのが妥当でしょう。はねかえり係数はeで表します。

$$\text{はねかえり係数}\quad e=\frac{5}{10}=0.5$$

これがはねかえり係数の考えかたです。簡単でしょう？

ところで，Step 1で見たように，衝突の問題では必ず座標軸をとりました。そこで壁でのボールのはねかえりについても，図5-8(b)のように右方向を正とする座標軸をとりましょう。このとき，はねかえったボールは必ず負の方向を向いていますから，「速さ」は5ですが，「速度」は

図5-8(b)

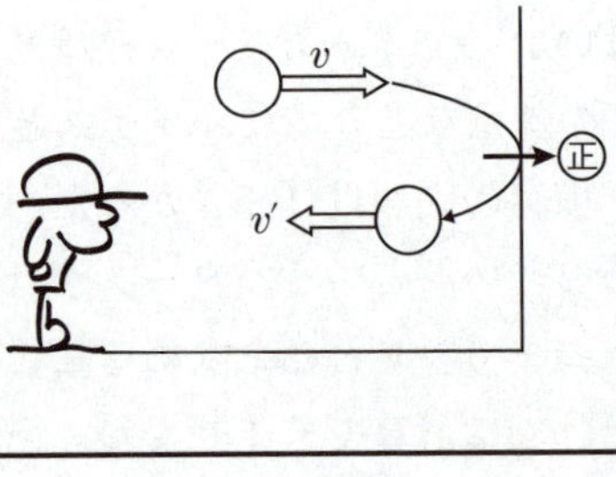

－5となります。つまり，$v=10$，$v'=-5$です。

便宜上，マイナスをつけてみる

そこでもし，はねかえり係数を$\dfrac{v'}{v}$というふうに決めると，$\dfrac{v'}{v}=\dfrac{-5}{10}=-0.5$ということになり，はねかえり係数はマイナスの値になってしまいます。別にマイナスでもいいといえばいいんですが，なるべくならプラスの方がわかりやすいですね。そこで，はねかえり係数を速度の記号で表すときは，

$$e=-\frac{v'}{v}\left(=-\frac{-5}{10}=0.5\right)$$

とわざとマイナスをつけて，値としてはプラスになるように決めるのです。こんなふうに教科書や参考書にも書いてありますね。「なんでマイナスがつくんだ？」と思うでしょうが，これは都合をあわせるためにつけたものだと考えてください。それ以上の深い意味はゼンゼンありません。

Theme 3

正面衝突

先ほどの「はねかえり係数」の説明は，物体が壁に当たってはねかえるケースでした。この考えかたを使って，「2物体の正面衝突」の場合の「はねかえり係数」を考えていきましょう。

Step 1 2物体が動いているとき

図5-9(a)を見てください。いま，高速道路を格好いいスポーツカーが速度Vで走っています（時速100キロぐらいだとイメージしてください）。で，もう，20年ぐらい乗ったポンコツ車が，速度v（時速30キロ）でノロノロと，まえを走っているとしましょう。スポーツカーの運転手が脇見運転をして，あっという間にポンコツ車に追突しました！

衝突直後の図も描きます（図5-9(b)）（スポーツカーのエンジンルームも，ポンコツ車のトランクルームも，もうメチャクチャです…）。そこでスポーツカーはぶつかった衝撃で速度が落ち，速度V'（時速40キロ）となりました。逆にポンコツ車はぶつけられたので，勢いを増し，速度v'（時速70キロ）でとばされました。さあ，この2物体の正面衝突のはねかえり係数はいくらになるのでしょうか？

動いている物体の正面衝突

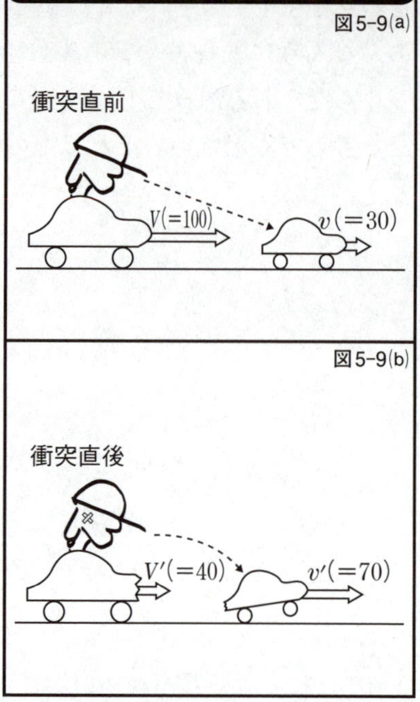

ボールが壁と衝突するときと同じように考えます。図5-8(b)を思い出してください。

【⇒P.96】

壁を見ているハッシー君がいますね。そこで，ハッシー君に対してボールがどのくらいの速さで遠のき，どのくらいの速さではねかえって近づいてくるのかをイメージしてください。

これをふまえて図5-9(a)，(b)に戻ってみましょう。

どちらかの車に乗ってみて，どんなふうに近づき，はねかえるのか考えましょう。どちらの車に乗りましょうか？　どちらもイヤですが…，ハッシー君はスポーツカーを選びました。

ハッシー君の立場になって考えましょう。はじめ，スポーツカーに乗っているハッシー君はポンコツ車に近づいていますね。どれくらいの速度で近づいているのか考えます。具体的な数字を入れてみるとわかりやすくなりますね。たとえば，スポーツカーが時速100キロ，ポンコツ車が時速30キロとすれば，差し引いて時速70キロでポンコツ車に近づいてきていると考えればいいでしょう。

100 − 30 = 70で近づき …

そして衝突！　イタタタ。図5-9(b)を見てください。ここでスポーツカーは40キロのスピードに落ちました。一方，ぶつけられたポンコツ車は時速70キロという速度で勢いよくはね飛ばされました。すると，70 − 40 = 30。スポーツカーから見れば，ポンコツ車は時速30キロで遠ざかって見えるでしょう。

70 − 40 = 30で遠ざかる

つまり，70で近づき，30で遠ざかるのだから，はねかえり係数は，

$$\text{はねかえり係数 } e = \frac{30}{70} = \frac{3}{7}$$

としていいでしょう。

衝突直前と衝突直後の速度を記号におきかえてみましょう。

もう一度，図5-9(a)と(b)を見てください。衝突直前の100 − 30は$V - v$，衝突直後の70 − 40は$v' - V'$ですね。ですから，

$$e\left(= \frac{70-40}{100-30}\right) = \frac{v' - V'}{V - v} \quad \cdots ②\text{（はねかえり係数の式）}$$

これで，①運動量保存則の式，②はねかえり係数の式と2つの式が書けますから，連立方程式として解けば，未知数であるV'とv'が求まるわけです。

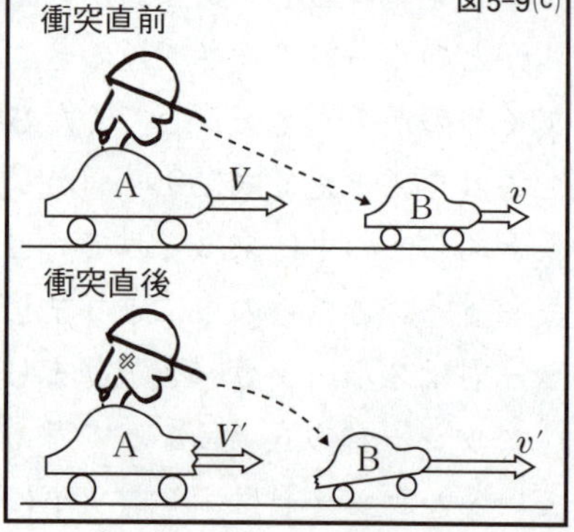

図5-9(c)

実は，このはねかえり係数の式も，値が自動的にプラスになるようになっています。

先ほどのスポーツカーをA，ポンコツ車をBとします（図5-9(c)）。$V-v$はA－B，$v'-V'$はB－Aですね。AとBがひっくりかえっています。つまり，記号で書くとマイナスになっているということです。よくほかの参考書には$e=-\frac{V'-v'}{V-v}$と書かれていることがあります。$\frac{V'-v'}{V-v}$がマイナスの値になるから，便宜上分数のまえにマイナスをつけているんです。どちらの式で覚えてもらっても結構です。

ここで，Theme 2，3で学習したことをまとめておきます。

まとめ—4

2物体の衝突の問題で使う2式

・2物体の衝突の問題を解くには，
　①運動量保存則の式
　②はねかえり係数の式
の2式を使う。

・①式　$MV+mv=MV'+mv'$

・②式　$e=\frac{v'-V'}{V-v}$

それでは，問題演習で試してみましょう。

問題演習

物体が衝突した瞬間をイメージしよう！

1 水平面上を右方向に動いている質量m_1の小球Pが，静止している質量m_2の小球Qに，速さv_1で衝突した。

図5-10

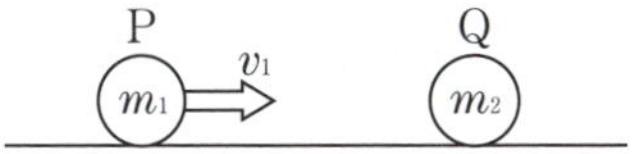

PとQのはねかえり係数をeとして以下の問に答えよ。

(1)　衝突直後の小球Qの速さはいくらか。

(2)　衝突後，小球Pが左方向に戻るためには，eはどんな条件を満たさないといけないか。

橋元流で解く！

(1)　衝突直前と直後の図を描きましょう。

衝突直前はPが速度v_1で右方向に進んでいて，Qは静止しています（図5-11(a)）。そしてPはQに衝突します。衝突直後の図（図5-11(b)）を見てください。座標軸と矢印の向きがポイントですね。(2)で「左方向に戻るためには…」なんて書かれているからって，左を正方向にしないでください。衝突直前，Pは右方向に動いているので，**右方向を座標軸の正**とします。そして，衝突直後は，P，Qともに右方向へ動くとして，速度の矢印v_1'とv_2'を**右方向へ**描きます（**実際にどちらへ動くかは気にしなくていい**のです）。

では，運動量保存則の式と，はね

座標軸をしっかりとろう！

図5-11(a)

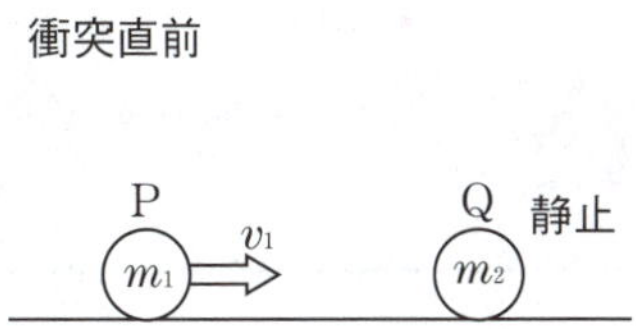

図5-11(b)

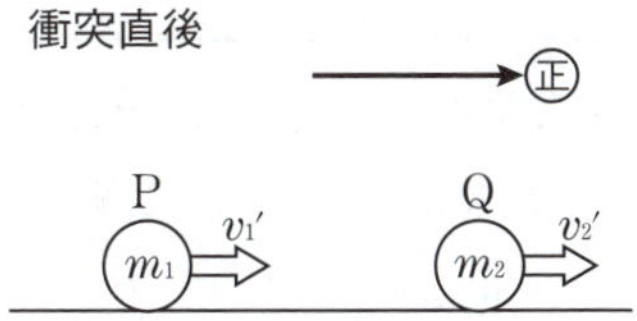

かえり係数の式を立ててみましょう。

運動量保存則の式：$m_1v_1 = m_1v_1{}' + m_2v_2{}'$ ………①

はねかえり係数の式：$e = \dfrac{v_2{}' - v_1{}'}{v_1 - 0}$ ………②

これらを連立方程式で解いていきましょう。式②はm_1，m_2がないので，変形すると計算しやすくなりますよ。式②より，

$$ev_1 = v_2{}' - v_1{}'$$

$$\therefore \quad v_2{}' = ev_1 + v_1{}' \quad ………②'$$

これを式①に代入。

$$m_1v_1 = m_1v_1{}' + m_2ev_1 + m_2v_1{}'$$

$$(m_1 + m_2)v_1{}' = (m_1 - em_2)v_1$$

$$\therefore \quad v_1{}' = \frac{m_1 - em_2}{m_1 + m_2}\cdot v_1$$

これを式②'に代入して，

$$v_2{}' = ev_1 + \frac{m_1 - em_2}{m_1 + m_2}\cdot v_1$$

$$= \frac{(1+e)m_1}{m_1 + m_2}\cdot v_1 \quad ………(1)の \text{ 答え}$$

(2) **準備** 衝突直後のPの速さは，(1)で答えが出ています（図5-11(c)）。

図5-11(c)

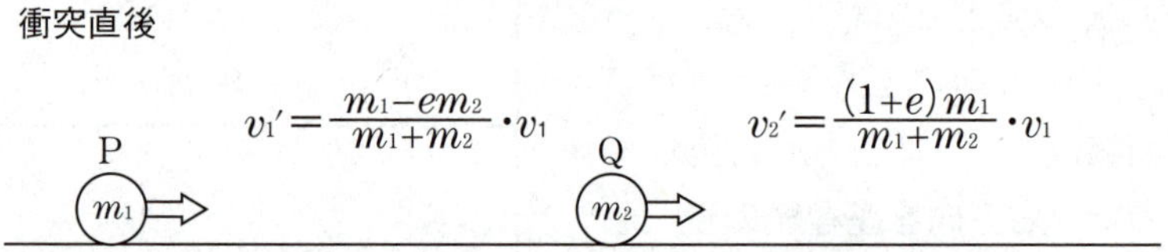

このPが衝突直後に右に行くか，左に行くかが問題なわけです。ところで(1)で出てきた$v_1{}'$と$v_2{}'$は「速度」だということに注目してください。つまり，値が正なら正（右）方向へ，負なら負（左）方向へ動くということです。Pのまえに，Qの速度$v_2{}'$をちょっと見てください。分母の$m_1 + m_2$や分子の$1 + e$とm_1はもちろんプラスですし，v_1も（v_1の向きを正としたの

だから）プラスです。つまりv_2'は必ずプラスということです。それをイメージすれば，最初静止していたQが，左側から衝突されるのですから，衝突直後は必ず右（正）方向へ動くということですね。 END

さて，Pの動きを考えてみましょう。v_1'の式を見てみます。

$$v_1' = \frac{m_1 - em_2}{m_1 + m_2} \cdot v_1$$

着目！ $m_1 + m_2$やv_1はプラスの値です。問題は，$m_1 - em_2$です。これはマイナス符号が入っているから，負になる可能性がありますね。この値が正の値になるか，負の値になるか，によってPの方向が決まります。プラスであれば右ですし，マイナスであれば，はじきかえされて左に動くでしょう。ついでに言えば，0だと止まるでしょう。 END

衝突後Pが左（負）方向に戻るためには，

$v_1' < 0$ でなければならない

すなわち，

$m_1 - em_2 < 0$

よってeの条件は，

$$e > \frac{m_1}{m_2}$$ ………(2)の **答え**

≧ではいけません。＝のときは，衝突直後に止まるという意味になってしまうからです。答えを見ると，eは$\frac{m_1}{m_2}$より大きくなければいけませんね。はねかえり係数が大きい方が，当然はねかえりがいいので，左へはじきかえされるというわけです。この式は「eがある値より大きければ，逆向きにはねかえされる」ということを意味しています。イメージがしっかりできていると，誤って不等号を反対にするなんてミスもしませんね。

2 図のように長さlの糸に結ばれた質量mの小球Aが水平面から高さlの位置にあり，点Oの真下の水平面上には質量mの小球Bが静止している。小球Aを初速度0で静かにはなし，小球Bと衝突させる。重力加速度の大きさをgとする。

図5-12

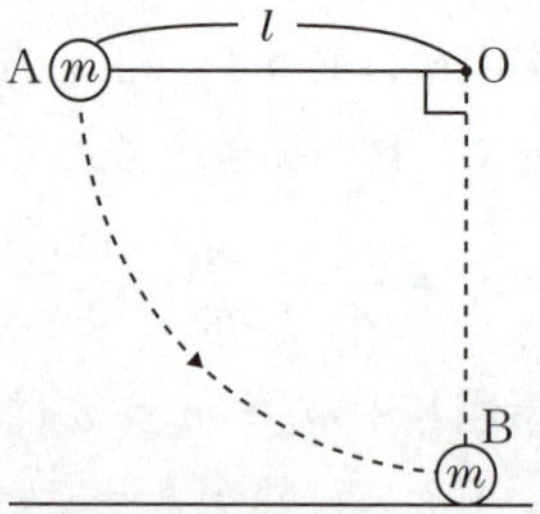

(1) AとBが完全弾性衝突をするとき，衝突直後のAとBの速さを求めよ。

(2) AとBが完全非弾性衝突をするとき，AとBは一体となって振り子運動をする。AとBは水平面からどれだけの高さまで上がるか。

(3) (2)の場合に，衝突によって失われた力学的エネルギーはいくらか。

着目！ **「完全弾性衝突」とは，はねかえり係数が1の場合**です（$e=1$）（図5-13）。10で当たって，10ではねかえってくるということです。

一方，**「完全非弾性衝突」は，はねかえり係数が0という意味**です（$e=0$）（図5-14）。つまり，はねかえってこないということですね。物体が壁に当たって，くっついて離れない状況をイメージしてください。では解いてみましょう。 END

図5-13

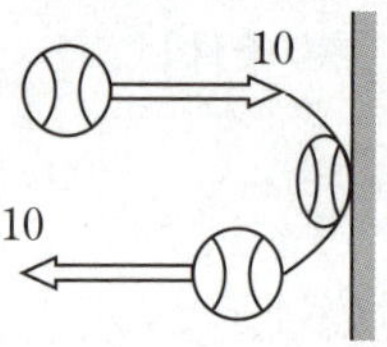

図5-14

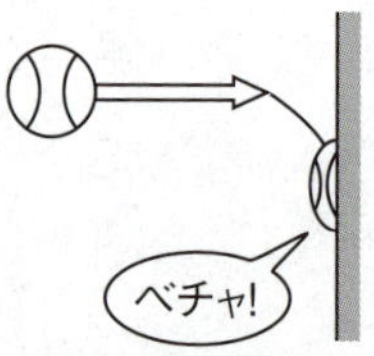

橋元流で解く！ (1) **準備** 小球Aは円運動をしながら落ち，最下点で小球Bに当たります。そのときの速さを求めましょう。円運動の解きかたについては，第7講で詳しくやりますので，いまは**力学的エネルギー保存則**が使えるということだけ知っておいてください。

【⇒P.136】 END

では，図5-15(a)を見てください。Aは振り子のように動くことがイメージできますね。はじめ小球は静止しています。図のように円運動をしている小球Aの衝突直前の速さをv_0とします。小球のはじめの高さは（あとを基準点とすれば）lです。そこで，力学的エネルギー保存則は，

$$\underbrace{0 + mgl}_{\text{はじめの全力学的エネルギー}} = \underbrace{\frac{1}{2}mv_0^{\ 2} + 0}_{\text{あとの全力学的エネルギー}}$$

$$\therefore\quad v_0 = \sqrt{2gl}$$

つづいて，AとBは衝突しますから，運動量保存則とはねかえり係数の式を考えましょう。

衝突の特徴をとらえよう

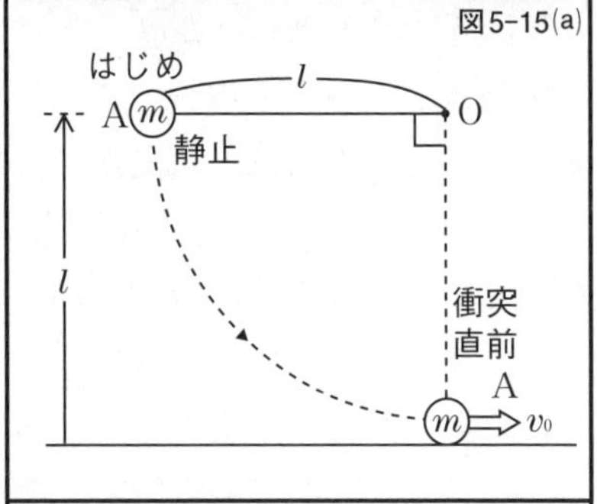

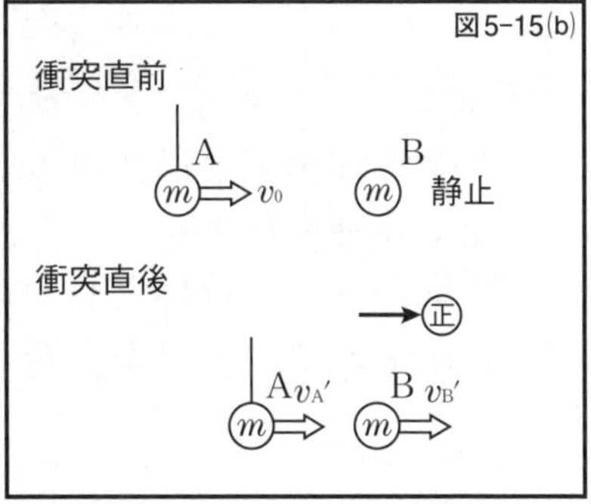

図5-15(b)を見てください。小球Aが小球Bに衝突する直前です。Aに糸がついていますが，Theme 1で「衝突の瞬間は，衝撃力以外は無視する」と言いましたね。ですから糸の力も無視します。小球Aが速度v_0でBに近づき，衝突直後は小球A，Bともに右方向に動くとしましょう。そのときの速度をv_A'，v_B'とし，右方向が正方向となるように軸をとります。

では，式を立てましょう。

運動量保存則の式：$mv_0 = mv_A' + mv_B'$ ………①

はねかえり係数の式：$1 = \dfrac{v_B' - v_A'}{v_0 - 0}$ ………②

（完全弾性衝突だから，はねかえり係数＝1）

式②より，

$v_0 = v_B' - v_A'$

$v_B' = v_0 + v_A'$ ………式①に代入（式①は両辺をmで割ります），

$v_0 = v_A' + v_0 + v_A'$

$$\therefore \quad v_A{}' = 0$$

$$v_B{}' = v_0 + 0 = v_0 = \sqrt{2gl}$$

あれっ？　おもしろいですね。当てられた小球Bの速度がv_0になってしまいました。これは，質量が等しい物体の完全弾性衝突の問題の特徴なんです。当たってくる小球Aは衝突すると止まり，当てられた小球Bは当たってきた小球の速度で動き出したことになりますね。ですから答えは，

Aの速さは$\underline{0}$。Bの速さは$\underline{\sqrt{2gl}}$ ………(1)の **答え**

ここで，ちょっとまとめておきます。

まとめ―5

完全弾性衝突と完全非弾性衝突…………………………

- 完全弾性衝突とは，はねかえり係数：$e=1$の衝突。また，完全非弾性衝突とは$e=0$の衝突。
- 質量が等しい物体どうしの完全弾性衝突では，衝突直前，直後で速度が入れかわる。

まとめ－5の補足をしておきます。図5-16のように動いている2つの物体があります。問題演習では片方が静止していましたが，図のように2物体が動いても，質量の等しい2物体の完全弾性衝突では衝突直後に速度は入れかわります。

図5-16

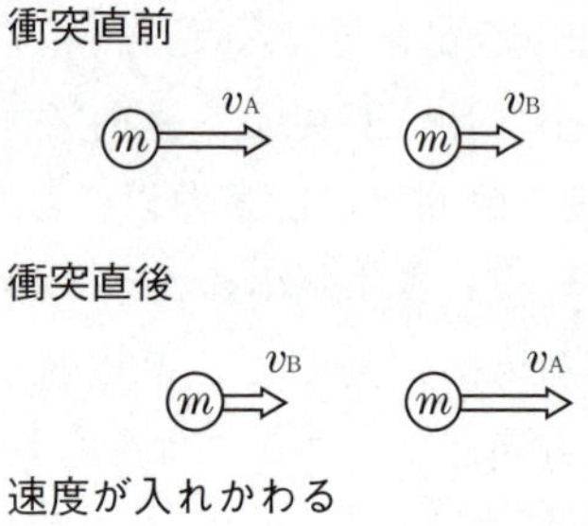

(2) **着目！** 今度は完全非弾性衝突です。AとBがぶつかってはねかえらないケースですね。図5-15(c)を見てください。衝突直前は1と同じです。直後はAとBはピッタリとくっつきます。すると，AとB全体で質量は2mですね。A＋Bが速度Vで動いたとします。式を立てましょう。はねかえり係数の式は書か

図5-15(c)

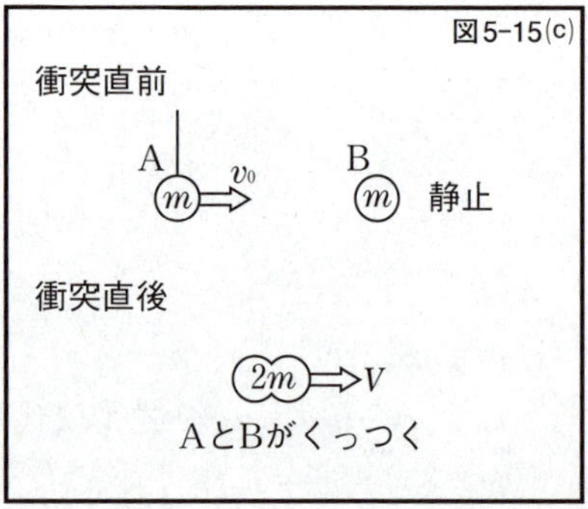

なくてもいいでしょう。はねかえり係数は0なんですから。

運動量保存則の式：$mv_0 = 2mV$

$$\therefore \quad V = \frac{v_0}{2}$$

$v_0 = \sqrt{2gl}$ より，

$$V = \frac{1}{2}\sqrt{2gl}$$

これで小球の速度が出ましたね。AとBはこの速度で振り子運動をはじめます。問題はどの高さまで上がったかということです。先ほどのように力学的エネルギー保存則を使いましょう。図5-15(d)を見てください。

図5-15(d)

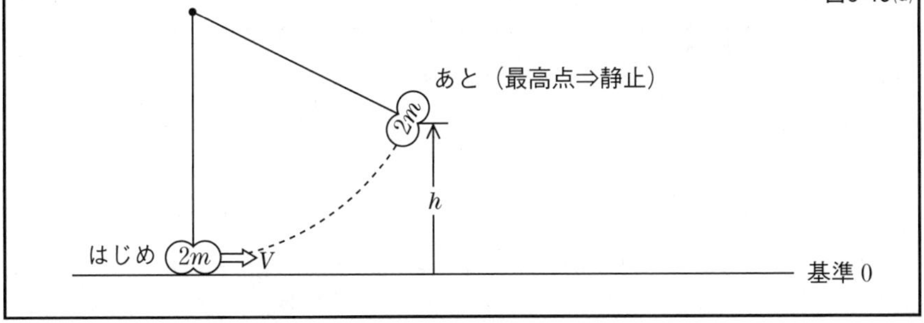

小球Aは小球Bに当たって，速度Vで振り子運動をはじめました。衝突した点を基準点とします。小球は最高点hまで上がりました。このとき，小球は一瞬静止しますね。一番下（はじめ）と，一番高く上がったところ（あと）で力学的エネルギー保存則を適用しましょう。 END

力学的エネルギー保存則より，

$$\frac{1}{2}(2m)V^2 = 2mgh$$

$$\therefore \quad h = \frac{V^2}{2g}$$

これに$V = \frac{1}{2}\sqrt{2gl}$を代入して，

$$h = \frac{1}{2g}\cdot\frac{1}{4}\cdot 2gl = \frac{1}{4}l$$ ………(2)の **答え**

(3)　失われたエネルギーを$\varDelta E$とします。衝突直前の運動エネルギーから衝突直後の運動エネルギーを引けばいいでしょう。小球Aの衝突直前と衝突直後の図（図5-15(e)）を見てください。

$$\varDelta E=\frac{1}{2}mv_0{}^2-\frac{1}{2}(2m)V^2$$

これに$v_0=\sqrt{2gl}$，$V=\frac{1}{2}\sqrt{2gl}$を代入して，

$$\varDelta E=\frac{1}{2}mgl$$ ………(3)の 答え

図5-15(e)

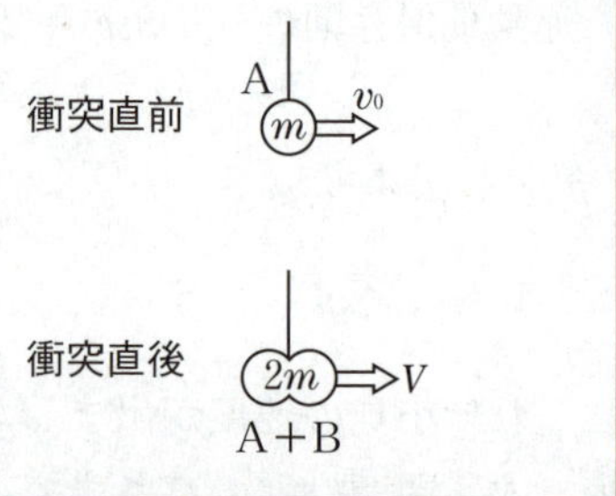

もう少し慣れると，もっと簡単にできます。別解も参考にしてください。

別解 図5-15(f)を見てください。

図5-15(f)

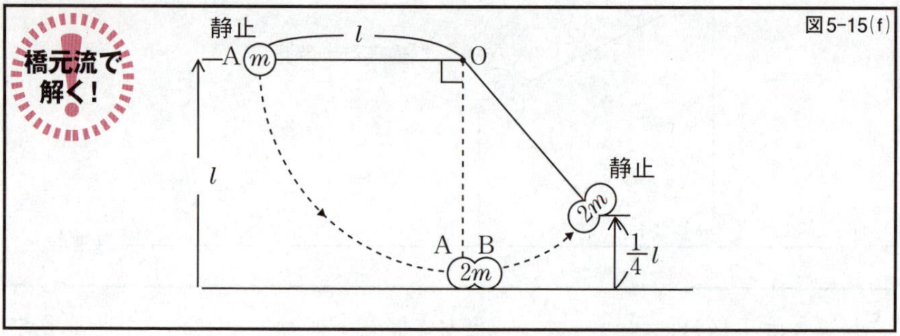

着目！ 衝突したときに力学的エネルギーは失われますが，動きはじめてから衝突直前までと，衝突してから高さhに達するまでは，それぞれ力学的エネルギーは保存されています。衝突したときにどれだけエネルギーが失われたかを求めるには，動きはじめ（最初）と高さhまで上がったとき（最後）のエネルギーの差を求めればいいでしょう。 END

最初と最後，ともに運動エネルギーは0ですから，位置エネルギーの差を求めましょう。

位置エネルギーの差

$$\varDelta E=mgl-2m\cdot g\cdot\frac{1}{4}l$$

$$=\frac{1}{2}mgl$$ ………(3)の 答え

これだと計算がとても簡単ですね。

第6講

慣性力

Theme 1
慣性力とは何か

Theme 2
なぜ慣性力が見えるのか

Theme 3
慣性力を使って問題をどう解くか

問題演習
慣性力の問題を解く！

講義のねらい

加速度運動するものに乗った立場で問題を解くときには，慣性力を考えよう！

Theme 1

慣性力とは何か

本講では**慣性力**という特別の力を学びます。

第1講で物体に働く力の見つけかたを復習しました。そのとき，力学の範囲で物体に働く力は，**①重力，②橋元流・《タッチ》の定理**の2種類であると言いました。ところが，慣性力はこの2種類の力のどちらでもない力なのです。いわば第3の力です。

それでは，どうして最初から力は3種類と教えてくれないの——と言われそうですね。その理由は，ほとんどの問題では慣性力を考える必要がないからです。そういう意味で，慣性力は非常に特殊な力なのです。

力学の問題に慣れてくると，これは慣性力を使って解くのだな，ということがすぐにわかります。

慣性力は特殊な力なのですが，実は我々の身近にいつもあるのです。

図6-1

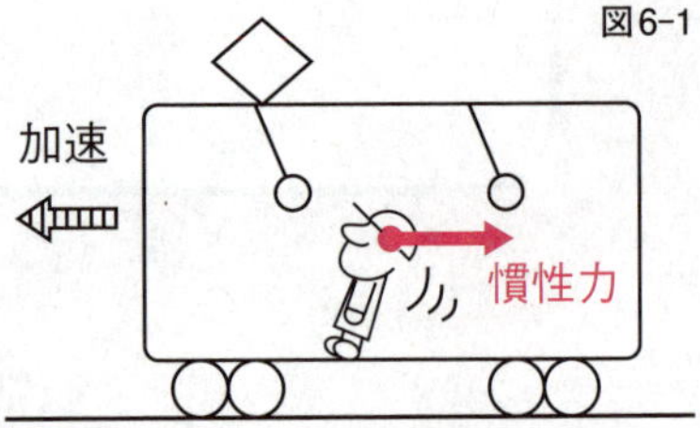

一言で言えば，「慣性力とは**電車の中でズッコケる力**である」と言えるでしょう。電車に乗って，つり革を持たずに立っていると，電車が動き出したときや，止まるとき，あるいは急なカーブを曲がるときなどに，ズッコケそうになるでしょう。あのズッコケる力こそが，慣性力の代表例なのです。

もう少し物理的に正確に言っておきましょう。

慣性力とは，

加速度運動している物体に乗ったときに見えてくる力

です。

これまで解いてきた力学の問題は，わざわざ説明しませんでしたが，静止している人が見た物体の運動でした。着目している物体は加速度運動していても，それに着目している人自身は，暗黙のうちに静止しているとみなしていたのです。あるいは，静止していなくても，等速度運動していてもかまいません。

ところが，力のつりあいや運動方程式を立てる人が，加速度運動している物体（座標系）に乗ると，①重力，②《タッチ》の定理による力のほかにもう1つ③慣性力が見えてくるのです。

電車の中でズッコケそうになる原因は，加速度運動している電車に乗っているからですね。同じ電車の中でも，等速直線運動している電車の場合には，ズッコケそうになりません。電車が加速したり減速したり，曲がったりしたときにだけ，慣性力が現れてくるのですね。

まとめ―6

慣性力

1. 加速度運動している物体に乗ったとき，慣性力が見えてくる。
2. 外（静止または等速直線運動している立場）からは慣性力が見えない。

Theme 2

なぜ慣性力が見えるのか

それでは，なぜ加速度運動している物体に乗ると，慣性力という奇妙な力が見えてくるのでしょうか。その理由を考えてみます。

図6-2

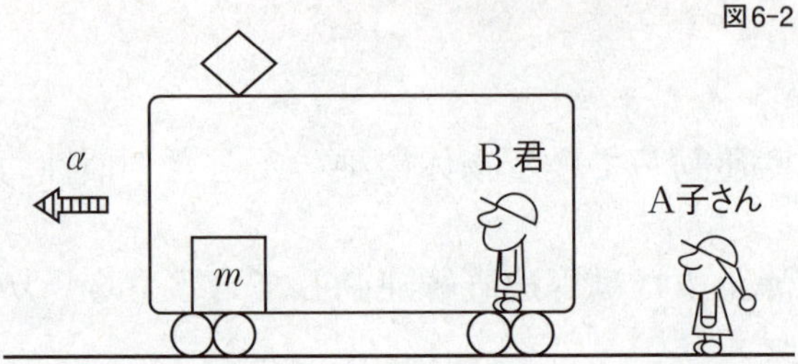

電車の床に置かれた質量mの荷物を考えます。床は水平でなめらかだとします。ふつうの電車の床は，なめらかではなく摩擦がありますが，まずは摩擦のない場合を考えます。ここでの電車の床は，ぴかぴかに磨かれた氷の表面のようだと思ってください。

最初電車は止まっていますが，ある瞬間から左方向へ加速度aで動き出したとします。

このとき荷物がどのような動きをするかを，2つの立場で見てみます。

A子さんは，電車に乗らずに，電車の外の静止した立場で荷物を見ています。それに対してB君は，電車に乗って電車といっしょに動きながら，電車の床の上の荷物を見ています。

A子さんから見ると，電車は加速度aで動いていますが，荷物は動かず静止しています。

ふつう，電車が動けば電車の床に置かれた荷物も動きますが，それは荷物と床の間に摩擦があるからです。それについてはあとで調べてみましょう。

A子さんから見て，荷物に働く力をすべて書き出してみます。

まず鉛直下向きに重力mg，次に《タッチ》している床からの垂直抗力N。摩擦がなければ荷物は床から水平方向の力は受けません。荷物に《タッチ》しているものは，床以外にありませんから，このほかに荷物に働く力はありません。つまり，荷物を水平方向に動かす力はどこにもないのです。ですから，荷物はずっと静止したままのはずですね。

図6-3

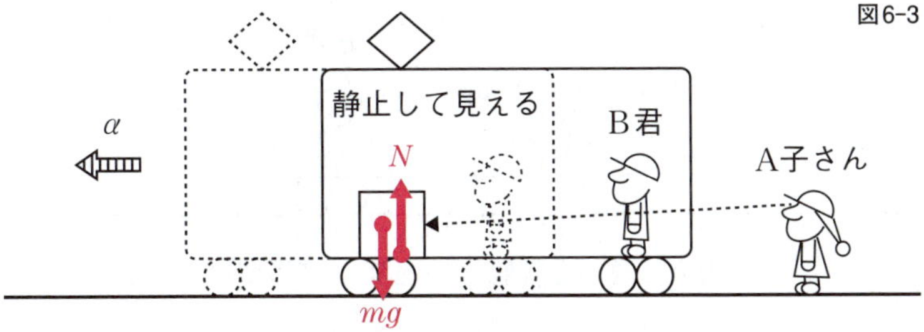

A子さんから見ると荷物は静止しつづける

まとめると，A子さんから見ると，電車とB君は加速度αで左方向へ動きますが，荷物は動かず静止しつづけるということになります。

次にB君の立場で考えてみましょう。最初，荷物は電車の床の左端の方にありますが，電車が動くと，荷物はB君の方に近づいてくるように見えるでしょう。荷物はどんな加速度で近づいてくるかといえば，明らかに右向きにαで近づくはずです。

ところが，荷物に働く力は，①重力と②床からの垂直抗力だけですから，水平方向に力がないのに荷物は加速度運動をしているということになります。

図6-4

A子さんから見ると…
荷物は静止しつづける

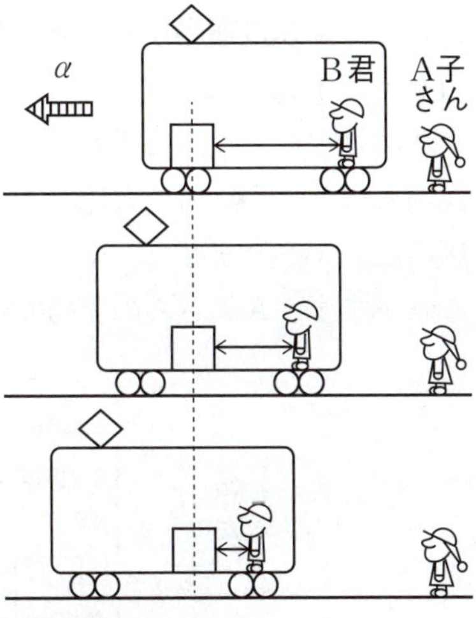

B君から見ると…
荷物は加速度αで近づいてくる

これでは，ニュートンの運動方程式が成立しないということになってしまいます。

ニュートンの運動方程式を成立させるためには，加速度αで動く質量mの物体には，その方向に$m\alpha$の力が働かないといけないのです。

つまり，B君から見ると，荷物には右向きにmaの力が働いているとみなすのです。

図6-5

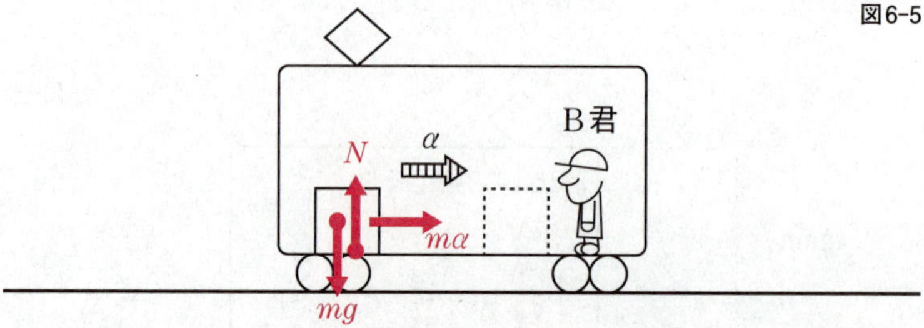

B 君から見ると荷物は加速度 α で近づいてくる

そして，これはニュートンの運動方程式を成立させるために勝手に作り出した力ではなく，現実に存在する力なのです。そう，電車の中でズッコケる力なわけです。

加速度運動する物体に飛び乗ると，必ずこの力が見えてきます。言いかえると，**加速度運動する物体に飛び乗った人だけに見える力**。これが慣性力なのですね。

釈然としないな，と思われる人のために，今度は床に摩擦がある場合で説明しましょう。荷物と床の間の最大静止摩擦力が十分大きいと，荷物は床の上をすべりません。

これをまず，A子さんの立場で考えます。

図6-6

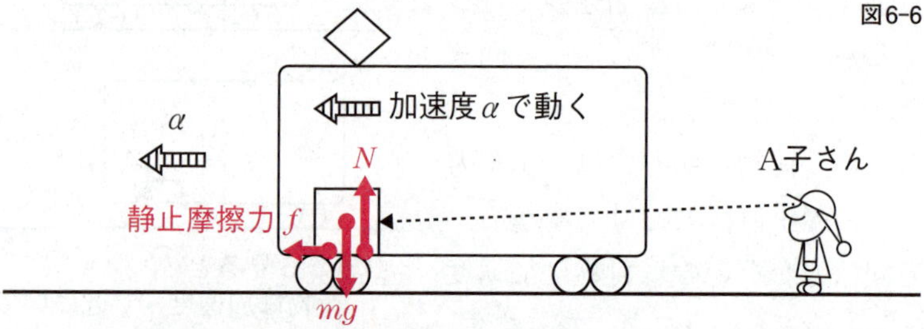

A 子さんから見ると荷物は静止摩擦力によって動く

A子さんから見ると，荷物は電車の床に対してすべりませんから，荷物も電車といっしょに加速度αで左に動きます。

この荷物に加速度αを与えている力は何でしょうか。

それは，静止摩擦力です。静止摩擦力fが荷物を左に動かしているのです。
次にB君の立場で考えます。

図6-7

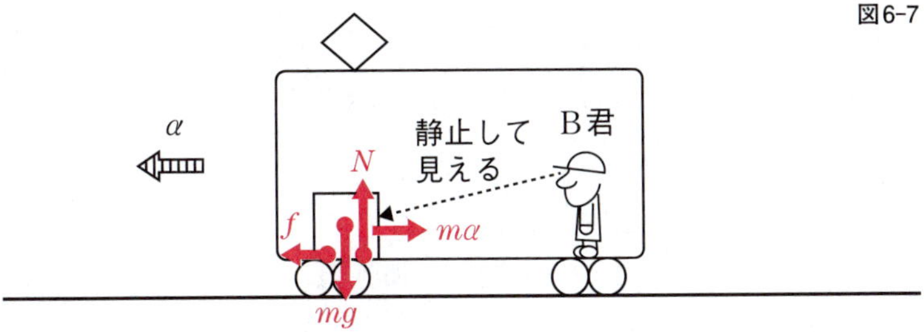

B君から見ると荷物は静止摩擦力と慣性力のつりあいによって動かない

B君から見ると，荷物は床の上で動きません。静止しつづけているということは，荷物に働く力はつりあっているということになります。

しかし，荷物には床からの静止摩擦力fが働いています。B君からは静止摩擦力は見えないのではないか，という議論はおかしいですね。摩擦力は《タッチ》しているものから受ける力ですから，それが見る立場によって現れたり，現れなかったりするのは，理屈に合いません。

つまり，B君から見ても，荷物には左方向に静止摩擦力fが働いているのです。にもかかわらず，荷物が静止しつづけているのは，静止摩擦力とつりあう右向きの力があるはずです。

それが，慣性力$m\alpha$なのです。

慣性力$m\alpha$によって荷物は動き出そうとしているのですが，それを静止摩擦力が止めて，慣性力と静止摩擦力がつりあっている，というのがB君の立場の説明になります。

このように，**加速度αで動く物体に飛び乗れば，着目する物体の質量をmとして，必ず$m\alpha$の慣性力が逆向きに見える**のです。

Theme 3
慣性力を使って問題をどう解くか

慣性力とは何か，なぜ慣性力が見えるのか，ということはだいたいわかりましたね。それでは，この慣性力を使って，問題をどう解くのかということをお話しましょう。

実は，これはたいへんカンタンなのです。

静止した立場で考えるふつうの問題に慣性力の考えかたを適用することは，ありえません。

慣性力を使うのは，必ず**加速度運動するものに乗った立場で問題を解くとき**です。たとえば電車やエレベーターや飛行機といった乗り物が多いですね。あるいは，乗り物に乗っていなくても，加速度運動している斜面があって，その斜面の上をすべる物体の運動を解くといった問題です。

そして，加速度運動する物体に乗った立場で解くときには，着目する物体の質量mを確認して，加速度運動する物体の加速度とは逆向きにmaの慣性力を書き込みます。

物体に働く力として，①**重力**，②**《タッチ》するものからの力**，に加えて③**慣性力**とします。

あとは，これまでに勉強した**力学の解法ワンパターン**通りに解けばよいのです。

では，問題をやってみましょう。

問題演習

慣性力の問題を解く！

1

図6-8

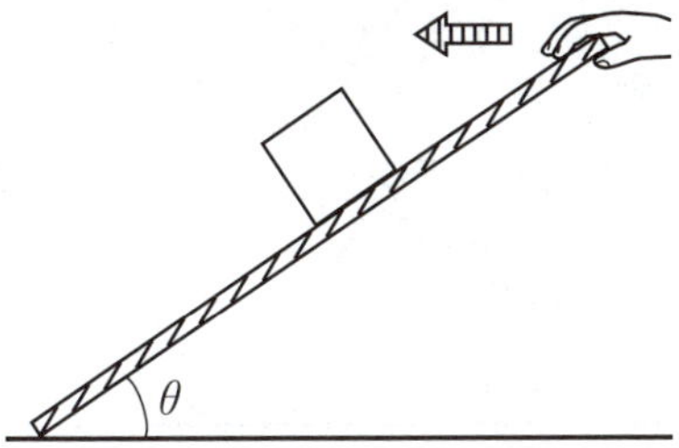

図のように，粗い板を水平とθの角をなすよう傾けて，その上に小物体を置くと，小物体は板の上をすべりおりた。次に板を同じ角度θで傾けたまま水平左方向に一定の加速度で動かしつづける。このとき，小物体が板の上で静止したままであるためには，板の加速度の大きさをどのような範囲にすればよいか。ただし，重力加速度の大きさをg，小物体と板の間の静止摩擦係数をμとする。

橋元流で解く！

準備　まず小物体が板に沿ってすべり落ちないようにするための条件を考えます。

板の加速度の大きさをα，小物体の質量をmとし，**板に乗った立場で式を立てます**。板に乗らない立場でも問題を解くことは可能ですが，このときは小物体も板と同じ加速度で動くので，運動方程式を立てることになり，少しめんどうです。それに対して，板に乗った立場では，小物体は静止しつづけていますから，力のつりあいの式を立てればよいのです。

そのかわり，板はαで加速度運動しているので，慣性力を考慮しなければなりません。

END

このとき小物体に働く力は，①重力mg（鉛直下向き），②《タッチ》している板からの垂直抗力Nと静止摩擦力f_0，そして③水平右方向の慣性力$m\alpha$の4つになります。

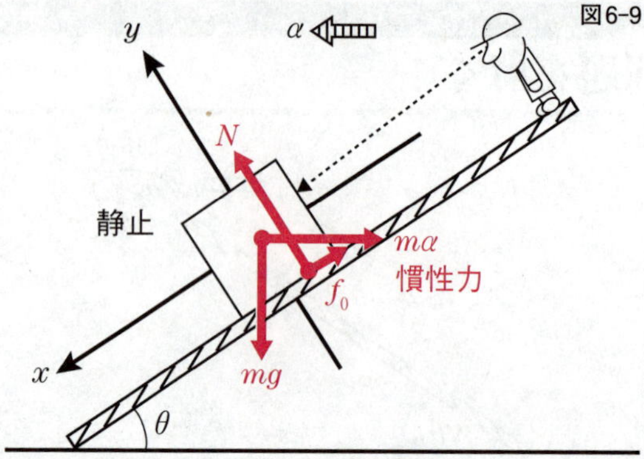

この問題では小物体が板に沿って下向きにすべらない条件を考えているので，小物体は下向きにすべりおりようとしており，静止摩擦力の向きは板に沿って上向きになります。

座標軸を板に沿った方向とそれに垂直な方向にとり，重力と慣性力を分解します。

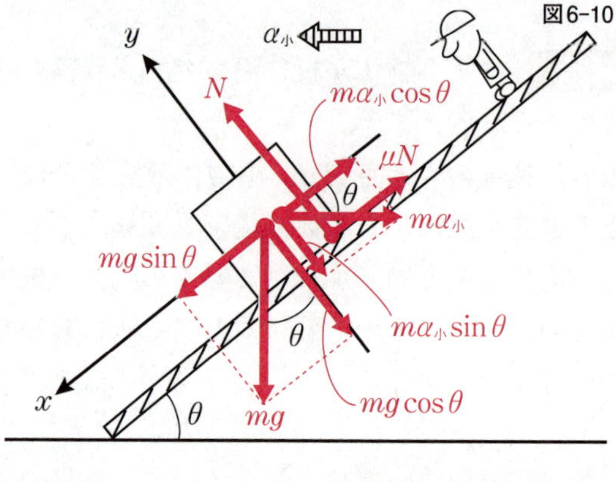

小物体が板の上で静止しつづける条件は，板に沿った下向きの重力の成分$mg\sin\theta$に対して，板に沿った上向きの力，すなわち慣性力$m\alpha\cos\theta$ + 最大静止摩擦力μNの方が大きいか等しければよいことがわかりますね。

ところで，板面からの垂直抗力の大きさNは，慣性力がないときは，重力の成分とのつりあいより，

$$N = mg\cos\theta$$

ですが，この問題ではそのようにしてはいけません。

なぜなら，慣性力$m\alpha$の板面に垂直な成分，$m\alpha\sin\theta$があるからです。

つまり，板面に垂直な方向の力のつりあいの式より，

$$N = mg\cos\theta + m\alpha\sin\theta$$

となります。

そこで，加速度αが小さくて，物体が板面をすべりおりる直前の力のつりあいの式は，求める最小の加速度を$\alpha_{小}$として，

$$mg\sin\theta = m\alpha_{小}\cos\theta + \mu m(g\cos\theta + \alpha_{小}\sin\theta)$$

となります。これより，

$$\alpha_{小} = \frac{\sin\theta - \mu\cos\theta}{\cos\theta + \mu\sin\theta}\cdot g$$

次に，小物体が板に沿ってすべり上がらない条件を考えます。

これは板を動かす加速度が大きすぎて，板面に沿って上向きの慣性力$m\alpha$の成分が，板面に沿って下向きの重力の成分と最大静止摩擦力の和をこえてしまうことがないようにする条件です。

図6-11

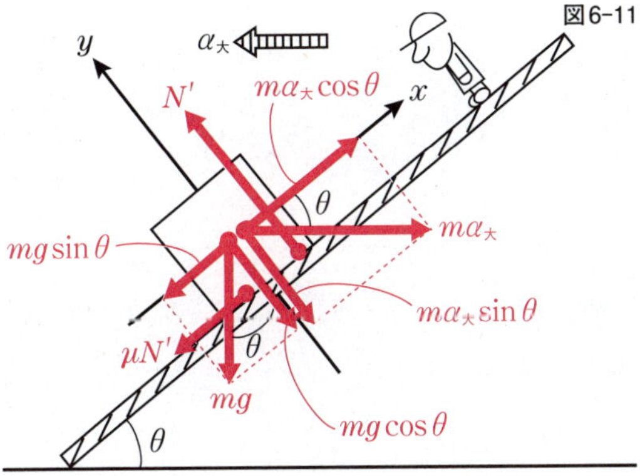

この場合に働く最大静止摩擦力の向きは板面に沿って下向きです。

求めるαの最大値を$\alpha_{大}$とし，このときの垂直抗力の大きさをN'（$= mg\cos\theta + m\alpha_{大}\sin\theta$）として，小物体が板面をすべり上がる直前の力のつりあいの式は，

$$m\alpha_{大}\cos\theta = mg\sin\theta + \mu m(g\cos\theta + \alpha_{大}\sin\theta)$$

よって，

$$\alpha_{大} = \frac{\sin\theta + \mu\cos\theta}{\cos\theta - \mu\sin\theta}\cdot g$$

となります。以上より，小物体が板の上で動かない条件は，

$$\frac{\sin\theta - \mu\cos\theta}{\cos\theta + \mu\sin\theta}\cdot g \leqq \alpha \leqq \frac{\sin\theta + \mu\cos\theta}{\cos\theta - \mu\sin\theta}\cdot g$$ …… 答え

となります。

第7講

円運動

Theme 1
円運動の基本

Theme 2
円運動の方程式

Theme 3
円運動を解く

問題演習
円運動の頻出パターンの問題を解く！

講義のねらい

円運動の問題を解くポイントは，円の中心方向の運動方程式を立てること！
等速ではない円運動の問題を解く決め手は力学的エネルギー保存則だ！

Theme 1

円運動の基本

これまで学んできた物体の運動は，おもに等加速度運動でした。第1講で復習した等加速度運動の公式は，もちろん等加速度運動する物体にだけ適用できる公式です。

本講より，等加速度運動ではない運動を学びます。当然これらの運動には，等加速度運動の公式は適用できません。新しい公式が必要になるわけですね。

その手はじめが**円運動**です。円運動の基本をしっかり理解しておくことは，このあとの単振動などの学習にもたいへん役に立ちます。

Step 1 座標軸のとりかた――ねらいはヘソだ！

第2講で覚えた「**橋元流・力学解法ワンパターン**」は，円運動にも適用できます。最後の**【手順7▶▶】**等加速度運動の公式を適用，のところだけを円運動の公式に変えればよいのです。

円運動の解法の手順の中で最初におさえておかないといけないのは，座標軸のとりかたです。円運動では物体の動く向きが刻々と変化しますから，物体の動く方向をx軸とするわけにはいきません。放物運動では，水平方向と鉛直方向に座標軸をとりましたが，円運動の場合，こういうとりかたもうまくいきません。

ではどうするか。とてもカンタンなのです。

図7-1

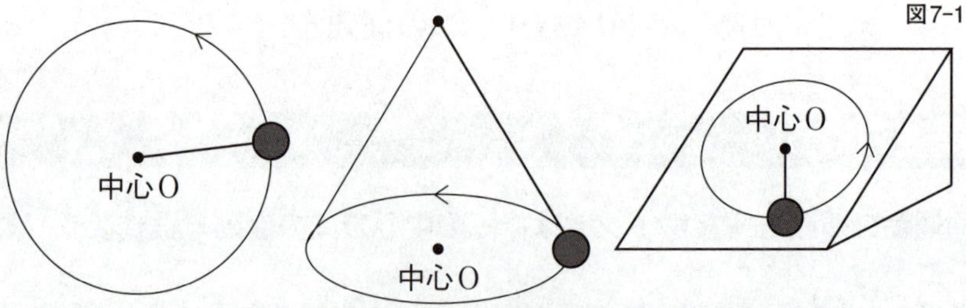

円運動には中心がある

円運動の場合，必ず円の中心がありますね。円の中心は動きません。これが動いてしまうと円運動にならないからです。そこで，円運動の問題を見たとき，まず円の中心はどこかということを確認します。

そして，着目している物体から，**その円の中心に向かって，エイヤッと x 軸を引きます**。円の中心をヘソにたとえて，「**ねらいはヘソだ！**」と覚えておけばいいですね。

ねらいはヘソだ！

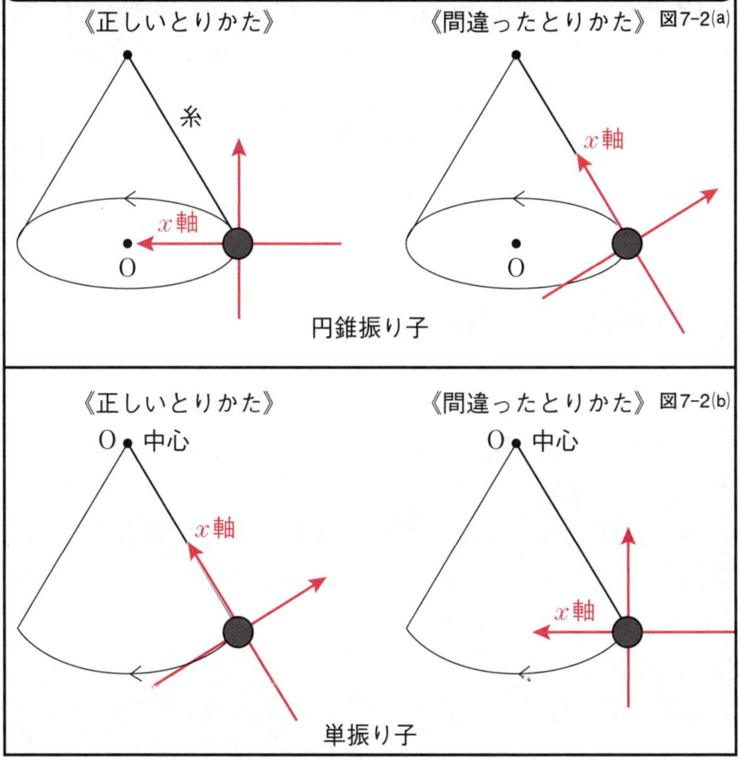

たとえば，図7-2(a)**円錐振り子**の場合，物体は水平面を円運動しますから，物体から円の中心Oに向かって x 軸をとります。糸が固定されている方向にとってはいけません。

図7-2(b)の**単振り子**の場合，物体は糸が固定されている点Oを中心に運動しますから，物体から糸の固定点Oに向かって x 軸を引きます。そのほかの方向ではおかしいですね。

物体が動くと，当然，座標軸も動いていきます。この動く座標軸と円の中心とを結んだ線（つまり半径ですね）に沿った方向のことを，**動径方向**と呼びます。円運動では，この動径方向の式を立てることが最大のポイントとなるのです。

あとの解法手順は，第2講で覚えた通りです。円運動でも物体に働く力は，**①重力**，**②《タッチ》の定理**，です（③慣性力についてはStep 7で話します）。

座標軸をとれば，その方向に力を分解するのも同様です。一般に力は動径方向とそれに垂直な円の接線方向に分解できますが，ほとんどの問題では，動径方向のことだけが問われます。結論から言えば，動径方向の運動方程式を立てることがもっとも重要なのです。接線方向の運動方程式を立てるような問題は，まれにしか出題されません（第9講の単振動のところで少し出てきます）。

Step 2 円運動の「速度」と「速さ」

運動方程式に進むまえに，手順として，**円運動の速度と加速度**について学んでおきましょう。実は，これは円運動の基本中の基本なのですが，その説明は少しだけ複雑です。

一歩一歩進みますので，頭を整理しながら，じっくり読んでみてください。そして，一度理解できたら，しめたものです。実際に問題を解くときには，もうややこしい説明は不要です。公式を暗記して使っていけばよいのです。

図7-3

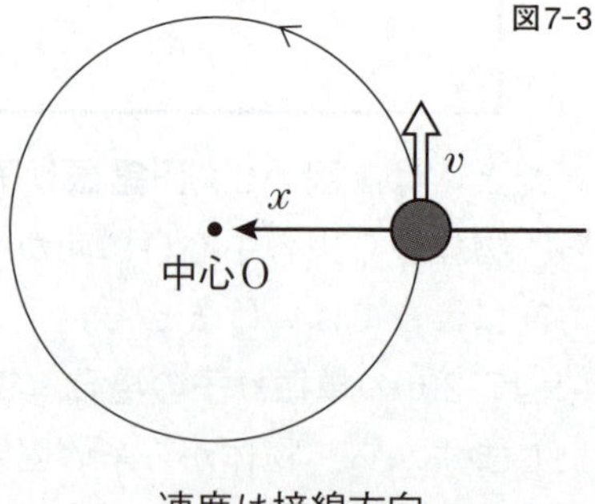

速度は接線方向

まず円運動の速度について考えます。

図を見ればわかるように，円運動する物体のある瞬間の速度は，円の接線方向を向いています。そして，この速度の向きは，刻々と変化しますね。「速度」というとき，それは大きさと向きをもったベクトルですから，円運動である限り速度が変化しない等速度運動というものはありません。

ただ，速度の大きさ，すなわち「速さ」が変化せず一定ということはあります。速さが一定の円運動は，**等速円運動**といいます。等速円運動は円運動の中で一番簡単な運動です。

いま速さvが一定の等速円運動を考えてみましょう。

ある瞬間の物体の位置と速度ベクトルをまず描き，次に非常に短い時間Δtだけたったあとの物体の位置と速度ベクトルを描きます。このとき，速度ベクトルの向きはわずかに変化しますが，等速円運動なのでベクトルの長さvは一定です。

図7-4

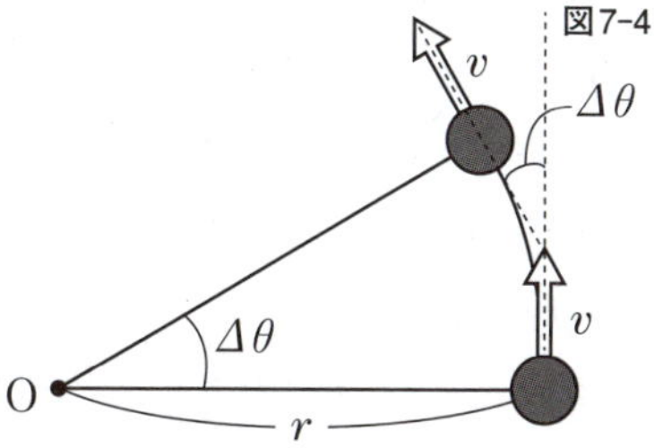

時間Δtの間の変化
(等速円運動の場合)

この図で注目すべき点が2つあります。

1つは，物体がΔtの間に動いた小さな角$\Delta\theta$です。

もう1つは，速度ベクトルの向きです。速度ベクトルも，Δtの間に$\Delta\theta$だけ傾きますね。

この2点を確認して，次のStepへ行きましょう。

Step 3　角速度ωとは何か

円運動では，速度と同じくらい重要な物理量として，**角速度**というものを考えます。

速度が毎秒動く距離であるのに対して，角速度は毎秒回転する角度です。たとえば，速さvは物体が動いた距離をΔxとして，

$$v = \frac{\Delta x}{\Delta t} \qquad (\text{距離}\div\text{時間})$$

で与えられますが，同じようにして角速度の大きさをωとすると，

$$\omega = \frac{\Delta\theta}{\Delta t} \qquad (\text{角度}\div\text{時間})$$

で与えられます。

ここで回転角θは，ふつう**ラジアン〔rad〕**という単位を使いますので，ラジアンについても説明しておきましょう。

角度は日常，度〔°〕という単位を使って1周を360度としますが，**ラジアンは1周を2π**とします。このように説明すると，なんだか難しいと感じますが，実はラジアンの方がずっと便利なのです。

というのも，半径1の円を考えてみます。半径rのときの円周の長さは$2\pi r$ですから，半径が1の円なら，その円周は2πですね。つまり，ラジアンという角度は，**半径1の円のときに円弧の長さと角度が一致する**のです。

半径rの円なら，円弧の長さlは，ラジアンを使えば，

$$l = r\theta$$

と書けます。このように，円弧の長さが半径×角度ラジアンと簡単に書けるのが，ラジアンという単位を導入する利点です。

図7-5

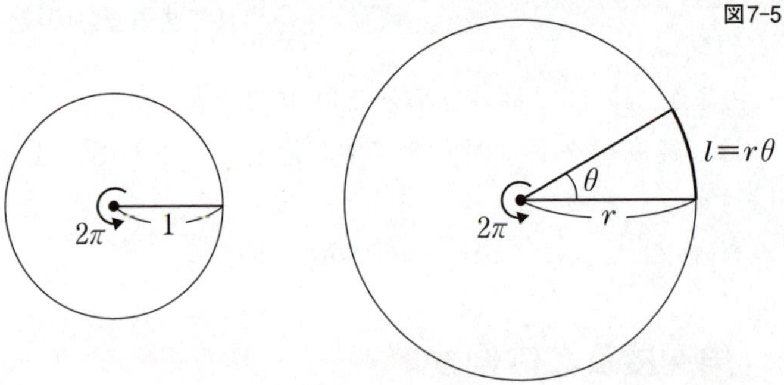

ラジアンという単位を使うと便利

180°はπラジアン，90°は$\frac{\pi}{2}$ラジアンなど，すぐに書けるようにしておきましょう。

Step 4 速さと角速度の関係

次に，円運動の速さvと角速度の大きさωの間にどんな関係があるかを調べます。

半径r，速さvの等速円運動を考えます。いま，非常に短い時間Δtの間に，物体が円周上の点Aから点Bまで速さvで動いたとします。

図7-6

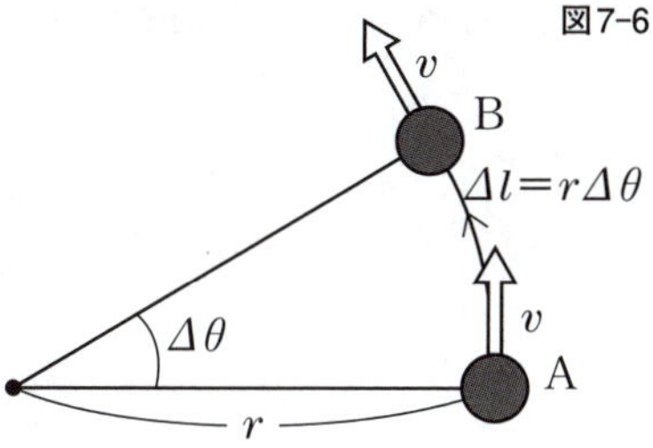

点Aから点Bまでの円弧の長さをΔlとすると，距離＝速さ×時間ですから，

$$\Delta l = v \times \Delta t$$

ですね。

一方，点Aから点Bまで動く間に進む角度を$\Delta\theta$とすると，$\Delta\theta$がラジアンで与えられていれば，

$$\Delta l = r \times \Delta\theta$$

ですね。この2つの式から，

$$v\Delta t = r\Delta\theta$$

$$v = \frac{r\Delta\theta}{\Delta t}$$

となりますが，$\dfrac{\Delta\theta}{\Delta t} = \omega$ですから，

$$v = r\omega$$

という関係が出てきます。

この，**円運動の速さv＝半径r×角速度ω**という式を頭の中にたたき込んでください。

この関係式が円運動の問題を解くうえでの基本公式となるのです。

まとめ—7

円運動の速さvと角速度ωの関係……………………

$$\boldsymbol{v = r\omega}$$

Step 5 向心加速度とは何か

速度と角速度につづいて，円運動では加速度はどうなるのかということを考えます。加速度とは速度の時間変化であるということを思い出してください。加速度を$\vec{a}$とすると，

$$\vec{a} = \frac{\Delta\vec{v}}{\Delta t}$$

となるのでした。加速度もベクトルです。その向きは速度の変化$\Delta\vec{v}$の向きと同じです。

$\Delta\vec{v}$とは，どんなものなのかを，図で調べてみましょう。

図7-7(a)

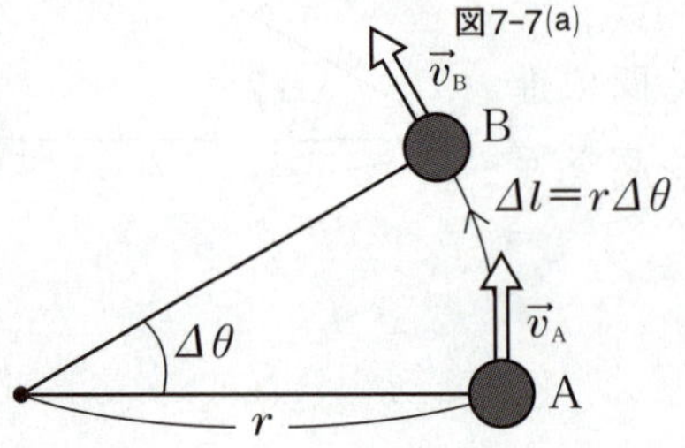

図7-7(b)

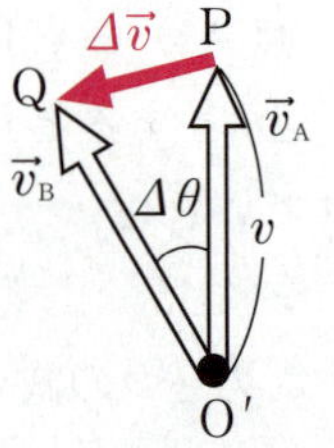

いま一定の速さvで等速円運動している物体を考えます。この物体が点Aにあるときの速度ベクトルを$\vec{v}_A$とします。そして，非常に短い時間Δtの間に物体が点Bまで動いたとし，この間に回転した角度は$\Delta\theta$とします。また点Bにおける速度ベクトルを$\vec{v}_B$とします。

$\vec{v}_A$から$\vec{v}_B$への変化について調べるため，2つのベクトルの始点を同じにして描いてみると図7-7(b)のようになりますね。図7-7(a)の点Aと点Bを同じ位置にしたのが点O′です。

このとき$\vec{v}_A$と$\vec{v}_B$のなす角は$\Delta\theta$です。また2つのベクトルの長さはどちらもvです。

$\vec{v}_A$の矢印の先端Pから$\vec{v}_B$の矢印の先端Qへ矢印を引き，この矢印を$\Delta\vec{v}$とすると，この$\Delta\vec{v}$がこの間の速度の変化になります。

さて，ここで$\Delta\vec{v}$の向きと長さがどうなるかを見てみます。

まず向きですが，時間Δtを無限に小さくしていくと回転角$\Delta\theta$も無限に小さくなり，$\Delta\vec{v}$は$\vec{v}_A$と$\vec{v}_B$に垂直になることがわかるでしょう。

つまり，速度の変化$\Delta\vec{v}$は速度$\vec{v}_A$や$\vec{v}_B$に対して垂直で，図7-8でいえば左向きです。もともと$\vec{v}_A$は動径方向に

図7-8

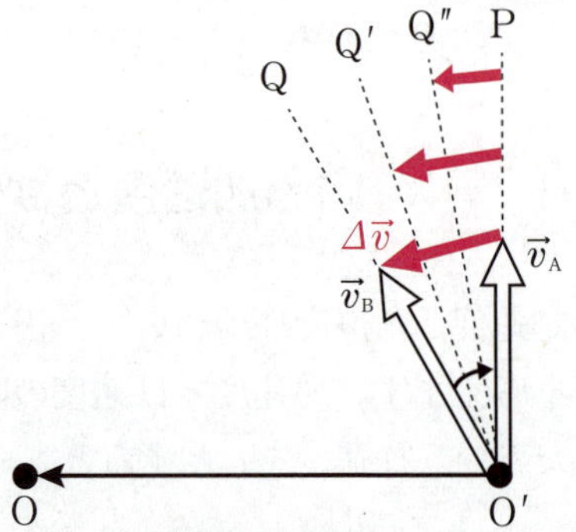

$\Delta\vec{v}$は動径方向を向いていく

対して垂直でしたから，**$\Delta\vec{v}$は動径方向を向く**ことになります。

このことが図からわかれば，あと少しですべてが理解できます。

「**ねらいはヘソだ！**」によって，動径方向，物体から円の中心Oの方向にx軸をとっておけば，等速円運動における速度の変化はx軸正方向を向くということです。速度の変化とは，加速度のことですから，等速円運動における物体の加速度は，円の中心方向（動径方向，x軸正方向）を向くということですね。

次に$\Delta\vec{v}$の長さを求めてみましょう。

図7-9

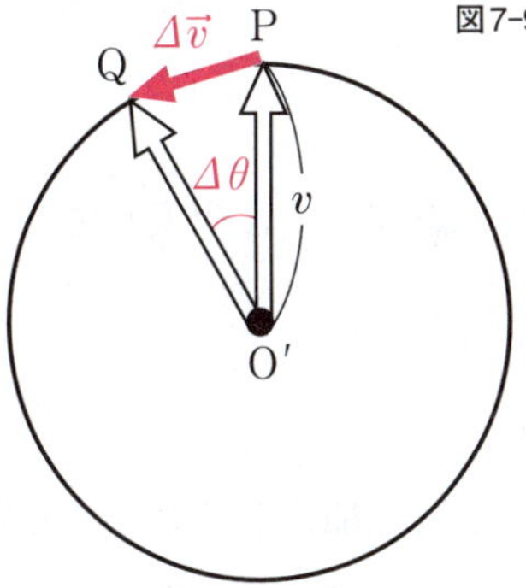

これは，△O′PQの辺PQが$\Delta\theta$を無限に小さくしていけば，O′を中心とする円の弧PQと一致することに着目します。つまり$\Delta\vec{v}$の長さ（これをΔvと書いておきます）は，円弧PQの長さになるわけですが，この円の半径は$\vec{v_A}$の長さvですから，Step 3で学んだばかりの，

円弧の長さ＝半径×角度

を使って，

$$\Delta v = v \times \Delta\theta$$

となるでしょう。

よって，加速度の大きさaは，

$$a = \frac{\Delta v}{\Delta t} = v \times \frac{\Delta\theta}{\Delta t}$$

となりますが，$\dfrac{\Delta\theta}{\Delta t}$は角速度$\omega$にほかなりませんから，けっきょく，

$$a = v\omega$$

ということになります。

ここまでのことをまとめてみましょう。

半径rの円周上を速さvで等速円運動している物体の加速度$\vec{a}$は，

向き：動径方向（円の中心方向，x軸正方向）

大きさ：$a = v\omega$

以上のような形で覚えておいてよいのですが，問題を解くうえでの実用性ということを考慮すると，加速度の大きさについては，もう少し書きか

えておいた方が便利です。

というのも，円運動の問題はたいてい円運動の速さvか角速度ωかどちらかのみが与えられます。そこで，$a = v\omega$の式をvかωか，どちらかに統一してみましょう。

そのためには，Step 4で覚えた，

$$v = r\omega$$

を使います。

たとえば，**加速度の大きさaを速さvで表現**したければ，

$$\omega = \frac{v}{r}$$

を加速度の式に代入して，

$$a = v\omega = \frac{v^2}{r}$$

となります。

また，**加速度の大きさaを角速度ω**で表現したければ，

$$v = r\omega$$

を加速度の式に代入して，

$$a = v\omega = r\omega^2$$

となります。

これでめんどうな導出はすべて終わりました。

あとは結果を公式として覚えておけばよいのです。

まとめ—8

円運動の動径方向の加速度の公式……………………

加速度の向き　：動径方向（円の中心方向，x軸正方向）
加速度の大きさ：

速さvを使った表現　：　$a = \frac{v^2}{r}$

角速度ωを使った表現：　$a = r\omega^2$

少し補足説明をしておきます。

加速度の導出は，ずっと速さvの等速円運動を仮定してきましたが，実は上の公式は，等速でない円運動にも適用できるのです。

等速でない円運動では，速度の変化が動径方向だけでなくそれに垂直な接線方向にも現れます。ですから，加速度も動径方向を向くのではなく，接線方向の成分もあるのです。

しかし，「**力学解法ワンパターン**」で見たように，運動方程式などを立てるときには，**x軸，y軸，別々に立てればよかった**ですね。

ですから，座標軸を動径方向（x軸）と接線方向（y軸）に分けて，接線方向のことはさておき，動径方向のことだけを考えれば，どんな円運動でも，円運動である限り，この加速度の公式が成立するのですね。

Step 6　向心力

円運動の方程式に進むまえに，円運動する物体に働く力についてちょっと注釈しておきます。それは，**向心力**と**遠心力**という2つの力に関してです。この2つの力をいいかげんに理解してはいけません。それぞれが意味することは何なのか，ということをしっかり理解しておきましょう。

まず向心力についてです。

向心力というのは，「中心に向かう力」という意味ですね。

円運動の動径方向の加速度は円の中心方向に向いています。ということは，運動方程式から力＝質量×加速度ですから，円運動する物体には，必ず円の中心方向に向かう力が働いているということになります。

ここまではいいでしょう。ですが，この向心力を，これまで学んだ①重力，②《タッチ》の定理以外の別の力，すなわち向心力という別の力があるのだと考えてはいけません。円運動であれ，何であれ，物体に働く力は①重力，②《タッチ》しているものからの力，（さらには③慣性力）以外にはありません。**物体に働くすべての力の**

図7−10

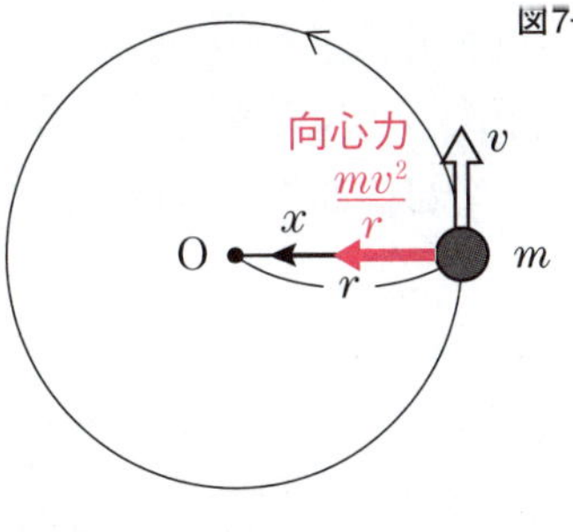

外力の動径方向成分が向心力

動径方向の成分が，向心力になっているだけなのです。

ただ，物体に働く力がはじめからすべてわかっていることはあまりありません。しかし，円運動の半径と物体の速さv（あるいは角速度ω）がわかれば，向心力の大きさは，質量m × 加速度a，すなわち，$\frac{mv^2}{r}$（あるいは$mr\omega^2$）と書けるのです。

ですから，向心力はいくらかと問われる場合，このように加速度$\frac{v^2}{r}$（あるいは$r\omega^2$）を使って答えることが多いのです。

Step 7 遠心力

遠心力という言葉も聞いたことがあると思います。

遠心力を直感的に説明すれば，たとえば車が急カーブを曲がったときに，外に飛ばされそうになる力です。これは電車が動き出したとたん，ズッコケそうになる力と同じです。

電車の中でズッコケそうになる力は慣性力でしたね。そう，遠心力は慣性力の一種なのです。円運動している物体に乗ったときに感じる慣性力を，とくに遠心力と呼ぶのです。

図7-11

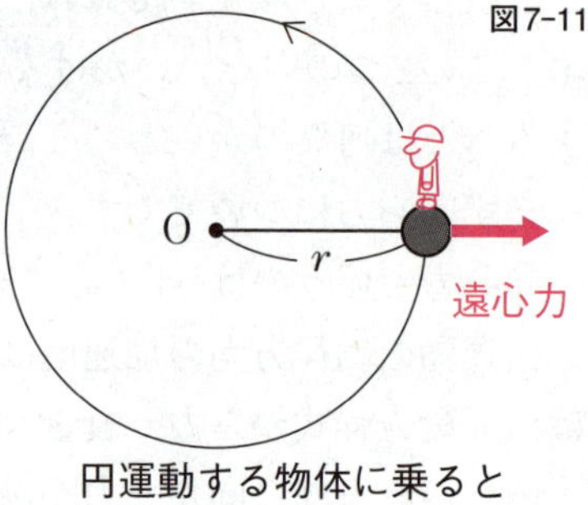

円運動する物体に乗ると遠心力が見える

ですから，**遠心力を考慮するのは，必ず円運動する物体に飛び乗った立場**のときです。静止している立場で方程式を立てるときには，遠心力を考えてはいけません。

以上で，円運動を解くための方程式を立てる準備ができました。

それでは，問題の解きかたの説明に入りましょう。

Theme 2

円運動の方程式

円運動している物体の問題を解くときに立てる方程式には，2つの考えかたがあります。

1つは，静止している立場から見た物体の運動方程式で，もう1つは円運動している物体に乗った立場で考える力のつりあいです。

どちらの立場でも，同じ式が出てきます。順番に説明しましょう。

Step 1 運動方程式を立てる

まず，**静止している人の立場**で，円運動している物体に着目します。動径方向に座標軸をとり，物体に働く力を矢印で記入し，座標軸に沿って分解し，といった手順は「**力学解法ワンパターン**」通りです。

図7-12

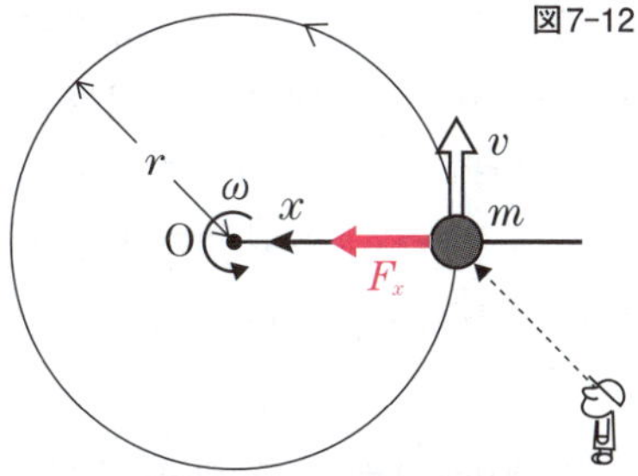

静止している立場で
運動方程式を立てる

そして，動径方向の運動方程式を立てることになりますが，このとき，加速度はTheme 1で求めた式を使うのです。

物体の速さvを使うか角速度ωを使うかは，問題の指示に従わなくてはなりませんから，どちらでも書けるようにしておきます。

円運動している物体の質量をm，動径方向の力の成分をF_xとすると，

円運動の動径方向の運動方程式

速さvを用いた表現　：$\dfrac{mv^2}{r}=F_x$

角速度ωを用いた表現：$mr\omega^2=F_x$

2通りも覚えるのはいやだという人は，覚えやすい方だけ覚えておいて，基本公式$v=r\omega$を使って書きかえればよいですね。

Step 2 遠心力を考えて力のつりあいの式を立てる

円運動している物体に乗った立場で式を立てることもできます。

物体に乗ってしまうと，物体は自分の足下で静止していますから，立てる式は力のつりあいの式となります。

その代わり，加速度運動している物体に乗っていますから，慣性力が見えてきます。

図7-13

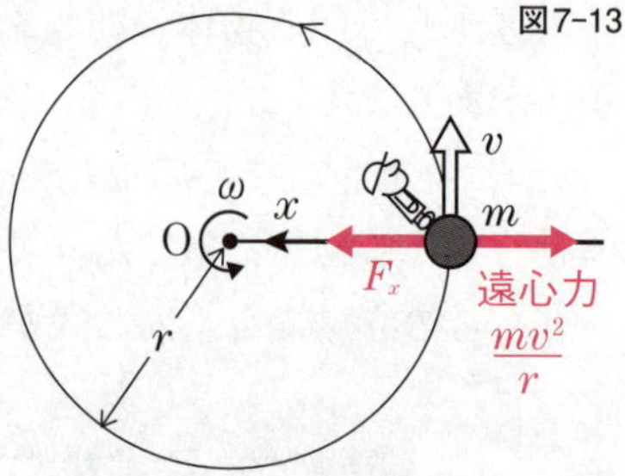

物体に乗った立場で
力のつりあいの式を立てる

慣性力の向きは，第6講で見たように，**乗っている物体の加速度と逆向き**ですから，円の中心から外へ向かう方向です。実際遊園地で回転している遊具に乗ると，外に飛ばされそうになりますね。あれが遠心力です。

遠心力の大きさは，着目している物体の質量×働いている加速度の大きさです。

円運動の場合の加速度の大きさは，$\frac{v^2}{r}$（あるいは$r\omega^2$）ですから，遠心力の大きさfは，

$$f = \frac{mv^2}{r} \quad (= mr\omega^2)$$

です。

以上より，

遠心力を考慮した円運動の動径方向の力のつりあいの式

速さvを用いた表現　：$F_x = \frac{mv^2}{r}$

角速度ωを用いた表現：$F_x = mr\omega^2$

運動方程式も遠心力を考慮した力のつりあいの式も，数学的にはまったく同じ形をしています。ただ，物理的な意味は異なりますので，その点，注意してください。

どちらの立場で解くかは，問題に指示がない限り自由です。ですから，好きな方を選んでください。

本書では，基本的に運動方程式を立てる立場で解くことにします。

まとめ―9

円運動の方程式

円運動している物体の質量をm，動径方向の力の成分をF_xとすると，

1．円運動の動径方向の運動方程式

速さvを用いた表現：　$\dfrac{mv^2}{r}=F_x$

角速度ωを用いた表現：　$mr\omega^2=F_x$

2．遠心力を考慮した円運動の動径方向のつりあいの式

速さvを用いた表現：　$F_x=\dfrac{mv^2}{r}$

角速度ωを用いた表現：　$F_x=mr\omega^2$

Theme 3
円運動を解く

それでは，具体的にどう問題を解くかを説明しましょう。

まず，簡単な等速円運動からはじめます。

Step 1 等速円運動の解きかた

図7-14のように，糸につながれた小球が水平面上を円運動している状態を考えてみましょう。固定された糸の端と円運動する小球が円錐形をなすので，円錐振り子と呼ばれています。

図7-14

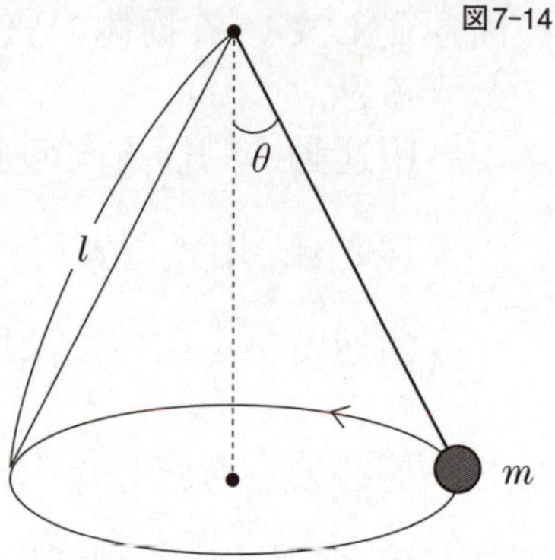

円錐振り子において，小球は水平面内を運動するため，重力の位置エネルギーが変化しません。外力も仕事をしないため，小球の力学的エネルギーは保存されます。よって，小球の速度が一定となる等速円運動となります。

糸の長さをl，鉛直と糸のなす角をθ，小球の質量をm，重力加速度の大きさをgとして，小球の速さvを求めてみます。

座標軸は，小球から円運動の中心Oに向かって（動径方向に）x軸をとります。また，鉛直上向きにy軸をとります。

図7-15

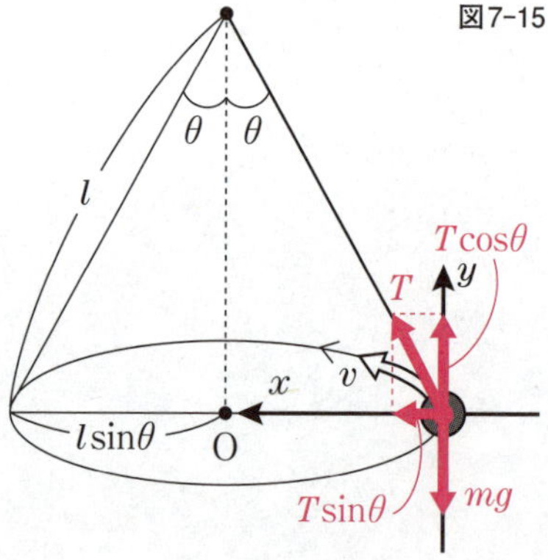

小球に働く力は，①鉛直下向きの重力mg，そして，《タッチ》しているものは糸しかありませんから，②糸の張力です。張力の大きさをTとしておきます。

この問題を解くうえでは必要ないの

ですが，小球のもつ力学的エネルギーについて確認しておきます。

糸の張力の向きは，小球の運動方向である円の接線方向に対して垂直です。そのため糸の張力は小球に仕事をしません。重力と糸の張力以外に外力はありませんから，小球は外力によって仕事をされず，その力学的エネルギーは保存します。**円運動では，このように多くの場合，力学的エネルギーが保存します**。

次に座標軸に対してななめの力である糸の張力を座標軸に沿って分解します。そうすると，x軸方向の成分は$T\sin\theta$，y軸方向の成分は$T\cos\theta$となります。

つづいてx軸方向，y軸方向別々に式を立てます。

x軸方向は動径方向ですから，円運動の運動方程式を立てることになります。このとき，向心力となるのは糸の張力のx成分である$T\sin\theta$であることがわかりますね。

さらに円運動の半径rは，この問題には与えられていませんが，糸の長さがlなので，$r=l\sin\theta$とします。

以上より，動径方向の運動方程式は，

$$\frac{mv^2}{l\sin\theta}=T\sin\theta \quad \cdots\cdots①$$

糸の張力Tは与えられていませんから，未知数はvとTの2つで，この運動方程式だけでは問題は解けません。

ここでy軸方向の運動について考えてみます。

小球は鉛直方向には動きませんから，**y軸方向の力はつりあっている**はずです。y軸方向の力は，上向きに糸の張力の成分$T\cos\theta$，下向きに重力mgですから，力のつりあいの式は，

$$T\cos\theta=mg \quad \cdots\cdots②$$

これで式が2つ書けましたので，あとはこれを解くだけです。まず，張力Tを求めましょう。

式②より，

$$T=\frac{mg}{\cos\theta}$$

これを式①に代入して，

$$\frac{mv^2}{l\sin\theta}=\frac{mg}{\cos\theta}\cdot\sin\theta$$

よって,

$$v=\sin\theta\sqrt{\frac{gl}{\cos\theta}}$$ …… 答え

というふうに速さvが求まります。

Step 2 等速でない円運動の解きかた

今度は，糸につながれた小物体が，時計の振り子のように鉛直面内を往復運動している場合を考えてみましょう。このような運動は単振り子と呼ばれています。この場合，小物体の速さは一定ではありません。**低い位置では速く，高い位置ではゆっくりになる**ことは経験的に知っていますね。

図7-16

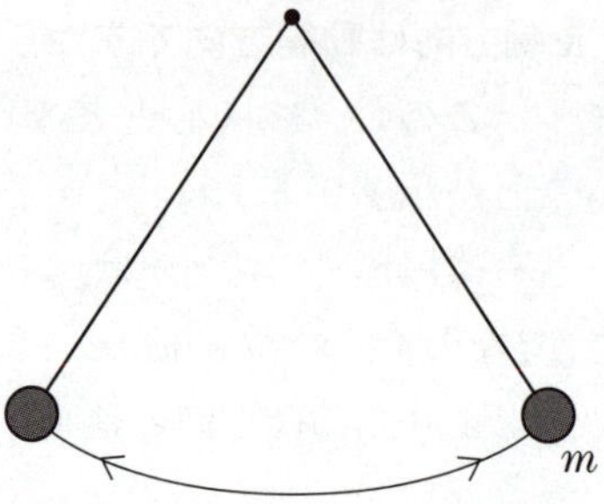

単振り子

振り子の運動は，円運動そのものではありませんが，円運動の一部になっています。この振り子の振れを大きくしていくと，鉄棒選手の大車輪のように，ぐるぐると鉛直面内で円運動することになります。

また，その中間の状態として，振り子運動よりは大きく振れるけれど，完全な円運動にならず，途中で糸がたるんでしまうという運動もあります。実はこのような運動は入試頻出問題なので，問題演習であらためて考えてみることにします。

図7-17

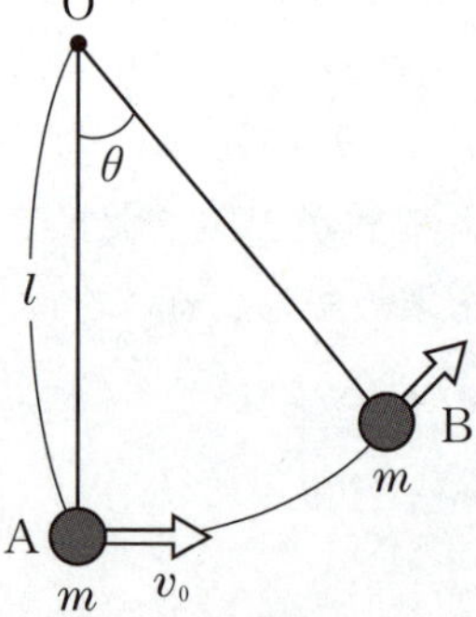

まず振り子運動の場合，次のような問題を解いてみます。

質量mの小物体が長さlの軽くて伸び縮みしない糸につながれて，静止しています。糸の他端は固定されていて，小物体は鉛直面内を自由に動けるものとします。重力加速度の大きさgは与えられているものとします。

いま，この小物体に水平方向に大きさv_0の初速度を与えると，小物体は振り子運動をはじめたとしましょう。このv_0は，小物体が90°以上は回転しない程度の速さだとします（90°以上回転すると，糸が途中でたるんで，振り子運動にならないか，v_0が十分大きければ鉛直面内の円運動になります）。

「糸が鉛直とθの角をなした瞬間の小物体の速さと糸の張力の大きさを求めよ」という問題を解いてみましょう。

糸が鉛直とθの角をなした瞬間の小物体の速さをv，その瞬間の糸の張力の大きさをTとします。

小物体の振り子運動は円運動の一種ですから，円運動の運動方程式を立てることは必ずしなければなりませんが，それだけでは問題は解けません。もう1つ重要な解法があるのです。それは，第3講で学んだ力学的エネルギー保存則です。

摩擦力などがなければ，たいていの円運動では力学的エネルギー保存則が使えます。その理由をしっかりおさえておきましょう。

図7-18

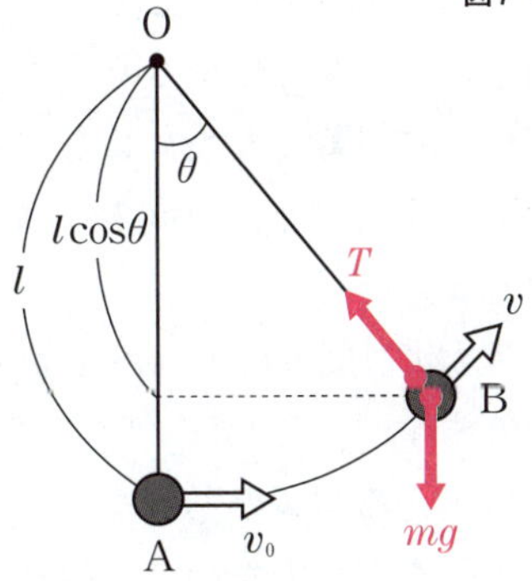

小物体に働く力は，①重力mg，②《タッチ》している糸の張力の2つです（外の静止している立場で考えます）。重力のする仕事は，位置エネルギーとして織り込み済みです。また糸の張力は円運動である限り，小物体が動く円の接線方向に対して必ず垂直になっています。ですから，この糸の張力は小物体に対して仕事をしません。

以上より，小物体に（重力を除いて）仕事をする外力はないので，力学的エネルギーが保存するということになります。

それでは，**小物体が最下点Aで初速度を与えられた瞬間と，糸が鉛直とθの角をなす瞬間（小物体の位置をBとします）の力学的エネルギーが等しい**という式を立ててみましょう。

点Aを重力の位置エネルギーの基準点とすると，小物体が点Aでもつ力学的エネルギーは，運動エネルギー$\frac{1}{2}mv_0^2$だけです。

次に点Bの点Aに対する高さは，$l - l\cos\theta = l(1-\cos\theta)$ で与えられますから，点Bで小物体がもつ全力学的エネルギーは，

$$\frac{1}{2}mv^2 + mgl(1-\cos\theta)$$

です。

そこで，力学的エネルギー保存則より，

$$\frac{1}{2}mv_0^2 = \frac{1}{2}mv^2 + mgl(1-\cos\theta) \quad \cdots\cdots①$$

よって，

$$v = \sqrt{v_0^2 - 2gl(1-\cos\theta)} \quad \cdots\cdots \text{答え}$$

となって，速さvが求まります。

次に糸の張力の大きさTを求めますが，このとき円運動の運動方程式を立てるのです。

図7-19

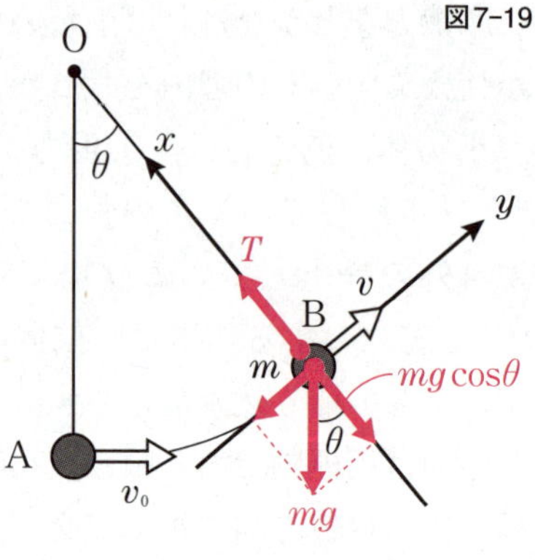

円運動の中心は，糸の固定された他端Oですから，小物体から点Oに向かって座標軸xをとります。またそれに対して垂直にy軸をとります。重力は座標軸に対してななめになっていますから，重力をx軸方向とy軸方向に分解します。

重力のy成分の大きさは$mg\sin\theta$となりますが，これについてはこの問題では考える必要がありません。

接線方向の力なので，接線方向にも加速度があり，それゆえ等速でない円運動になっているのですが，この運動は第9講の単振動のところで，再び取り上げてみたいと思います。

ここではx軸方向（動径方向）の運動方程式を立てましょう。

x軸の正方向を向いた力は糸の張力Tです。重力のx成分$mg\cos\theta$は負方向を向いています。

円運動の半径は糸の長さlですから，速さvを用いて円運動の運動方程式を書くと，

$$\frac{mv^2}{l} = T - mg\cos\theta \quad \cdots\cdots ②$$

となります。

この問題の未知数はvとTです。式①からvが求まっていますから，そのvの値を式②に代入すれば，Tが求まりますね。

$$T = \frac{mv^2}{l} + mg\cos\theta$$

$$= \frac{m}{l}\{v_0^2 - 2gl(1 - \cos\theta)\} + mg\cos\theta$$

$$= \frac{mv_0^2}{l} + (3\cos\theta - 2)mg \quad \cdots\cdots \text{答え}$$

鉛直面内の円運動では，糸が鉛直と90°以上になって**糸がたるむ瞬間**を求める問題が頻出ですが，それについては問題演習❸でやってみましょう。

問題演習

円運動の頻出パターンの問題を解く！

1 図のように頂点Pが最下点にあり，母線が鉛直とθの角をなす円錐がある。頂点Pから高さhの円錐のなめらかな内面を，質量mの小球が高さを変えずに等速円運動している。この小球の角速度の大きさと円運動の周期を求めよ。

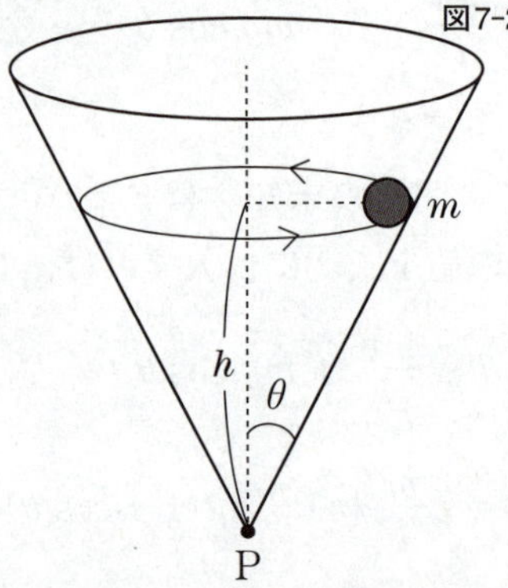

図7-20

橋元流で解く！

水平面内の円運動の問題です。Theme 3 Step 1の円錐振り子と同じように解けばいいですね。まず問題図からわかるように，この円運動の半径は，与えられた記号を使って$h\tan\theta$です。

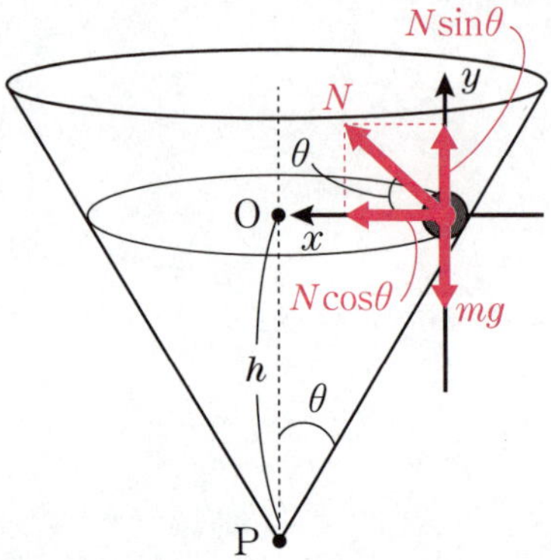

図7-21

次に円運動の中心をOとして，小球から点Oに向かって座標軸xを引きます。それに垂直に座標軸yを引きます。

小球に働く力は，①重力mg，②《タッチ》している円錐内面からの垂直抗力です。その大きさをNとしておきます。

Nは座標軸に対してななめですから，分解します。すると，x軸方向の成分は$N\cos\theta$，y軸方向は$N\sin\theta$となります。

小球は鉛直方向には動きませんから，y軸方向の力のつりあいの式を書きましょう。

$$N\sin\theta = mg \quad \cdots\cdots ①$$

次に動径方向（x軸方向）の円運動の運動方程式を書きます。

問題は角速度を問うているので，角速度をωとして，ωを使った方程式は，

$$mh\tan\theta\cdot\omega^2 = N\cos\theta \quad \cdots\cdots②$$

となります。

式①より，小球が円錐内面から受ける垂直抗力の大きさNがわかります。これを式②に代入すれば，角速度ωが求まります。

$$\omega = \frac{1}{\tan\theta}\sqrt{\frac{g}{h}} \quad \cdots\cdots \text{答え}$$

円運動の周期とは，小球が円を1周するのに要する時間です。この周期をTとすると，Tとωの関係は，

$$T = \frac{2\pi}{\omega}$$

なので，

$$T = 2\pi\sqrt{\frac{h}{g}}\tan\theta \quad \cdots\cdots \text{答え}$$

2 半径Rの円筒が中心軸を水平にして固定されている。この円筒の内面の最下点Pに小球を置き，円の接線方向に初速度を与える。このとき小球が円筒内面から離れることなく円運動をつづけるためには，初速度の大きさをいくら以上にすればよいか。ただし，重力加速度の大きさをgとし，円筒内面はなめらかであるとする。

図7-22

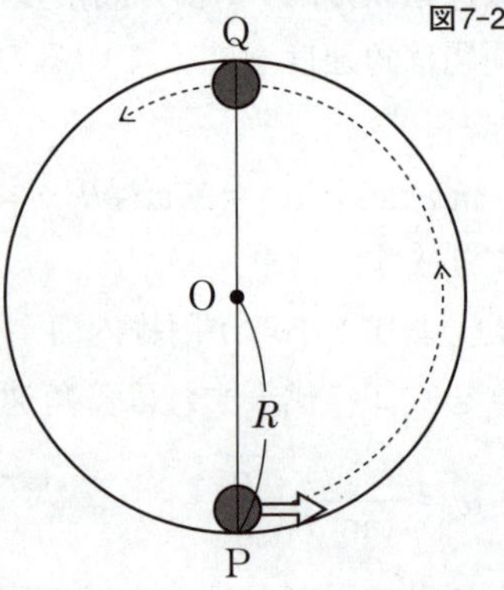

橋元流で解く！ 円筒内面の最高点をQとします。点Qは点Pの真上でPから測って高さ$2R$です。小球が円筒内面から離れることなく円運動をつづけるということは，小球が点Qまで達するということですね。

なめらかな面なので力学的エネルギー保存則が成立します。そこで，次のような問題を考えてみましょう。

準備 図7-23のようななめらかな斜面があって，小球に最下点で初速度を与えて，高さ$2R$まですべり上がらせるにはどれだけの初速度の大きさが必要か——という問題です。

図7-23

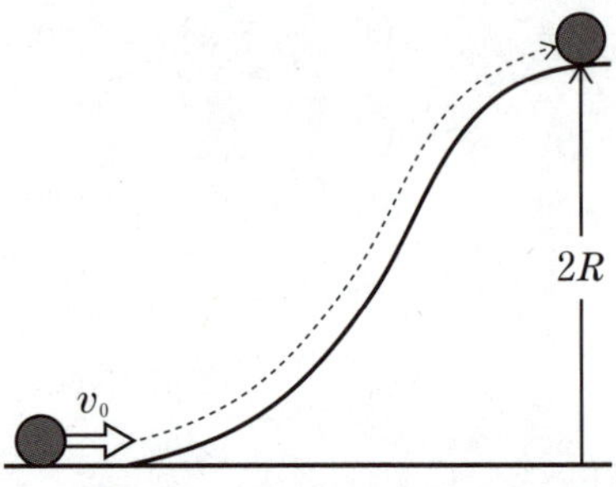

この場合，小球は高さ$2R$にぎりぎり達すればよいので，高さ$2R$のとき速さ0でかまいません。そうすると，このぎりぎり$2R$まで達するときの初速度の大きさをv_0とすると，力学的エネルギー保存則より，

$$\frac{1}{2}mv_0^{\,2} = mg\cdot 2R$$

となり，

$v_0 = 2\sqrt{gR}$

と求まります。

本題も高さ$2R$の点Qまでぎりぎり達すればよいのだから，同じことではないかと思ってしまいそうですが，実は事情が少し違います。

小球が円筒の内面をすべり上がっていって，最高点Qまで達した瞬間に速さ0になるとします。

図7-24

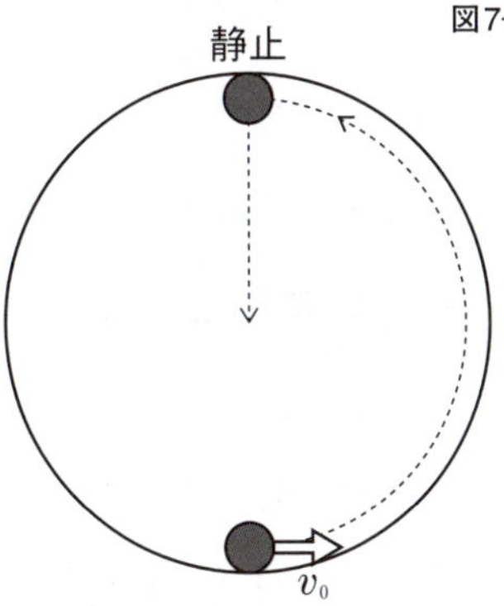

速さ0ということは，空中でボールを手放すのと同じで，その後，小球はまっすぐ下に落ちるはずです。

そうすると，小球の運動は，最高点Qまでは円筒内面で円運動をつづけてきて，点Qで静止して，鉛直下向きに落下する――そんな運動が起こるはずはありませんね。点Qまで円運動をつづけてくれば，小球はその後，円の接線方向，すなわち水平左方向に動いていくはずです。

ですから，小球が点Qまで達するためには，点Qで速さ0ではなく，ある速さをもっていなくてはならないのです。

仮に最下点Pでの速さが先ほど求めた$v_0 = 2\sqrt{gR}$のときはどうなるかというと，最高点Qに達するまえに面から離れてしまうでしょう。

以上の考察により，この問題は力学的エネルギー保存則だけでは解けないということになります。 END

ではどうすればよいでしょう。

図7-25

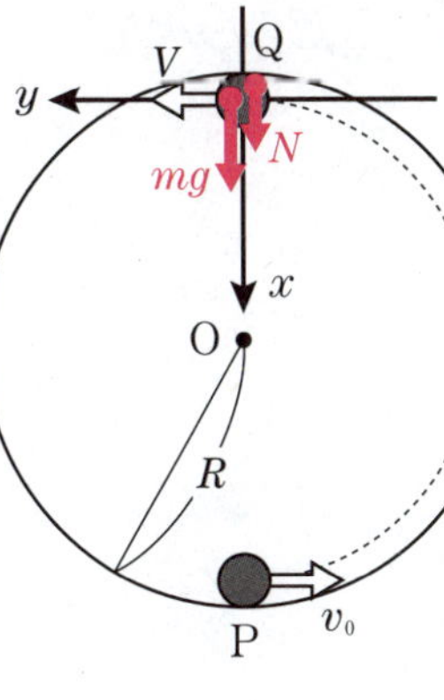

小球は最高点Qに来たときも円運動をしているわけですから，**点Qにおける円運動の方程式**を立てればよいのです。

まず円の中心方向（動径方向）にx軸をとります。

次に点Qで小球に働く力は，小球の質量をmとして，①重力mg，②《タッチ》している円筒内面からの垂直抗力の2つです。垂直抗力の大きさをNとします。ここで**垂直抗力が存在する**ということがポイントです。《タッチ》しているからこそ，垂直抗力があるわけですね。ただし，最高点である点Qを通過する瞬間だけは$N=0$でもかまいません。ですから，力の矢印Nは引いておいて，ぎりぎり点Qに到達するためには，**点Qでだけ$N=0$**となるとすればよいですね。

最高点Qを通過する瞬間の小球の速さをVとして，円運動の方程式を立てましょう。重力も垂直抗力もx軸の正方向を向いていますから，

$$\frac{mV^2}{R}=mg+N \quad \cdots\cdots①$$

となります。これより，小球が点Qに達する条件は，

$$N=\frac{mV^2}{R}-mg\geqq 0 \quad \cdots\cdots①'$$

となります。

あとは力学的エネルギー保存則を点Pと点Qに適用します。

$$\frac{1}{2}mv_0{}^2=\frac{1}{2}mV^2+mg\cdot 2R \quad \cdots\cdots②$$

式②より，

$$V^2=v_0{}^2-4gR$$

これを式①′に代入します。

$$\frac{m(v_0{}^2-4gR)}{R}-mg\geqq 0$$

よって，

$$v_0\geqq\sqrt{5gR} \quad \cdots\cdots$$ 答え

3 長さaの軽くて伸び縮みしない糸を点Oに固定し，他端に小球を結ぶ。はじめ小球は最下点Pで静止している。この小球に水平方向に大きさv_0の初速度を与えたところ，糸がぴんと張ったまま小球は円運動し，点Qに達した瞬間に糸がたるみ，小球は放物運動するようになった。点Oからaだけ鉛直上方の点を点Rとしたとき，$\angle ROQ = \theta_0$であった（$0 < \theta_0 < \frac{\pi}{2}$とする）。このときの初速度の大きさ$v_0$の値を$\theta_0$を用いて表せ。ただし，重力加速度の大きさを$g$とする。

図7-26
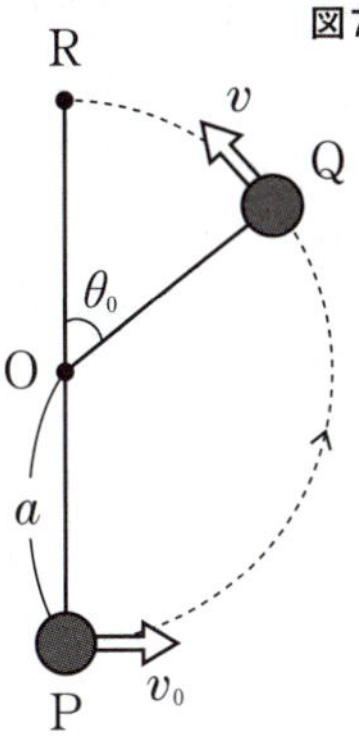

橋元流で解く！

この問題は，問題演習❷と基本的に同じ問題です。糸につながれた円運動と円筒内面の運動は，働く力が糸の張力か面からの垂直抗力かの違いだけで，本質的に同じです。糸がたるむという条件は，円筒内面から離れるということと同じで，**糸の張力が0になる**ということですね。

また，問題演習❷では小球は最高点まで達しましたが，この問題では**最高点に達するまえに糸がたるんでしまう**という点だけが異なります。

図7-27
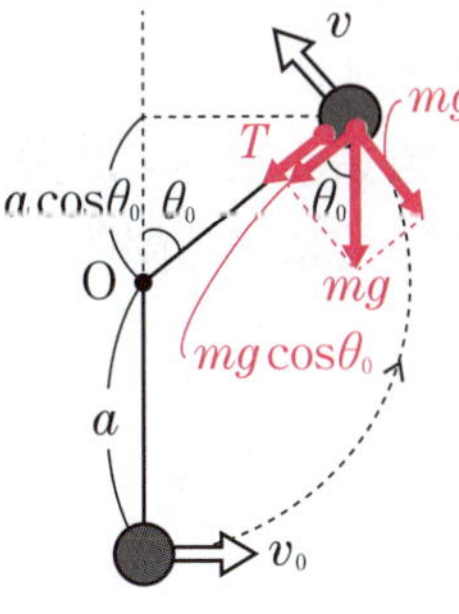

点Qでの小球の速さをvとして，まず円運動の運動方程式を立てましょう。小球の質量をmとしておきます。

点Qにある小球から円の中心Oに向かってx軸をとります。

小球に働く力は，①重力mg，②《タッチ》している糸からの張力です。張力の大きさをTとします（糸がたるむ瞬間，このTは0になります）。

x軸に対して重力mgがななめですから分解すると，重力のx成分は$mg\cos\theta_0$となります。糸の張力も重力のx成分も，点Qの位置ではどちらもx軸正方向を向いていることを確認しておきましょう。

そこで，点Qにおける小球の動径方向の運動方程式は，

$$\frac{mv^2}{a} = T + mg\cos\theta_0 \quad \cdots\cdots ①$$

ただし，先ほども言ったように，点Qで糸がたるむとすれば，$T = 0$ですから，

$$\frac{mv^2}{a} = mg\cos\theta_0 \quad \cdots\cdots ①'$$

です。

次に点Pと点Qにおける力学的エネルギー保存則を書きます。

点Pを位置エネルギーの基準点として，点Qの高さは

$$a + a\cos\theta_0 = a(1 + \cos\theta_0)$$

です。そこで，

$$\frac{1}{2}mv_0^2 = \frac{1}{2}mv^2 + mga(1 + \cos\theta_0) \quad \cdots\cdots ②$$

式①′，式②よりvを消去すれば，

$$v_0 = \sqrt{ga(2 + 3\cos\theta_0)} \quad \cdots\cdots \text{答え}$$

となります。

ちなみに，ここで$\theta_0 = 0$とすると

$$v_0 = \sqrt{ga(2 + 3\cos 0)} = \sqrt{5ga}$$

となります。これは問題演習❷の答えに出てきましたね。実際$\theta_0 = 0$のときは，最高点以外では張力が存在するので円運動をつづけます。問題演習❷と本質的に同じ問題であることが，このことからもわかりますね。

第8講

万有引力

講義のねらい

円軌道を描く天体の運動は，円運動の方程式で解こう！
楕円軌道を描く天体の運動は，力学的エネルギー保存則とケプラーの法則を使って解こう！

Theme 1

万有引力の法則

力学はニュートンが築き上げた体系です。ニュートンは物体の運動に関してさまざまな発見をしましたが，中でも2つの発見が力学の土台をなしています。

1つはすでに学んだ運動方程式です。運動方程式を立てて，解くことによって，物体の正確な運動を知ることができるようになったのです。

もう1つの発見が，本講で学ぶ**万有引力の法則**です。この発見によって，太陽の周りを回る惑星の運動が解明されたのです。

実は惑星の運動については，ニュートンより以前にケプラーが惑星の3つの法則を発見していました。これについてはTheme 3で学びます。

Step 1 重力と万有引力は同じもの？それとも違うもの？

図8-1

これまで質量mの物体に働く重力をmgと書いてきました。なぜmgと書くかというと，地上にある物体を自由落下させると，すべての物体が$g = 9.8$〔m/s^2〕という加速度で落下するからです。つまり運動方程式$ma = F$のmaに相当する部分がmgなわけですね。

ですが，mgと書いた重力の原因となっているFの部分については，これまで何も説明されていませんでした。

このFに相当する部分が万有引力の法則によって明らかになるのです。

「万有」という言葉が示すように，万有引力は**質量をもっているすべての物体の間に働く力です**。ただ，Step 2

図8-2

鉛筆と消しゴムの間にも
万有引力が働いている

で示すように，万有引力は非常に小さい力なので，たとえば机の上の鉛筆と消しゴムの間に働く万有引力などは測定することができません（測定はできないけれど，引力が働いていることは事実です）。そればかりでなく，会話しているあなたと私の間の万有引力，2棟の超高層ビルの間に働く万有引力ですら，簡単に測定することはできません。

2つの物体の少なくともどちらか一方の質量が巨大になったとき，はじめて万有引力は我々に感じられる力として現れてくるのです。巨大な質量とはつまり，地球やそのほかの惑星や太陽といった星ですね。

重力mgは，質量mの物体と地球との間に働く万有引力です。あとで見ますが，万有引力の大きさは2つの物体の質量だけでなく距離にも関係するので，重力も地球からの距離が異なれば違ってきます。**gが一定といえるのは，地上に限ったこと**なのです。

地表から何千キロ，何万キロも上空では，もはや重力はmgではなくなります。

ということで，我々がふつうに使う重力mgは，地球からの万有引力が原因ですが，それは地球表面上に限って使える式だということですね。

Step 2 万有引力の法則

それでは，具体的に万有引力の法則の式を紹介しましょう。

質量がそれぞれMとmの2つの物体（質点とみなします）が距離rだけ離れてあるとします。このとき，この2つの物体の間には互いに引っ張りあう力，つまり**引力**が働いています。

図8-3

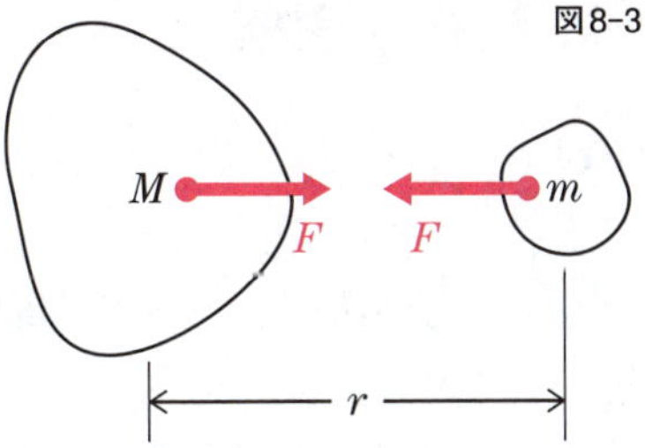

万有引力

この引力の大きさをFとすると，

$$F = G\frac{Mm}{r^2}$$

となります。この式の意味は，たいへんわかりやすいです。

まず引力の大きさは，**それぞれの物体の質量Mとmに比例**します。つまり，質量が大きければ引力は強いということですね。

そして，**距離r^2に反比例します**。なぜ2乗がつくかは理由があるのですが，ここではおいておきます。要するに距離が近いと引力は大きく，距離が遠ければ引力は小さくなるということで，たいへん常識的ですね。

Gはたんなる比例定数です。質量と距離を，〔kg〕と〔m〕で，力を〔N〕で表したときのGの値は，

$$G = 6.67 \times 10^{-11} \ \left[\frac{\mathrm{N \cdot m^2}}{\mathrm{kg^2}}\right]$$

です。これはそのまま書くと，

$$G = 0.0000000000667 \ \left[\frac{\mathrm{N \cdot m^2}}{\mathrm{kg^2}}\right]$$

というものすごく小さな値です。

1キログラムの鉄のかたまり2つを1メートル離して置いたとき，この2つの物体に働く力は，

$$F = 0.0000000000667 \ 〔\mathrm{N}〕$$

ということになります。これでは小さすぎて測定できませんね。

まとめ―10

万有引力の法則

$$F = G\frac{Mm}{r^2}$$

G：万有引力定数　6.67×10^{-11}〔$\mathrm{N \cdot m^2/kg^2}$〕

万有引力の法則について，重要な補足をしておきます。

それは，**互いに引きあう2つの物体に働く力の大きさは等しく，一直線上にあって，向きは逆**ということです。このことはニュートンの運動の第3法則である「**作用・反作用の法則**」から導かれることです。どんなときにも，

図8-4

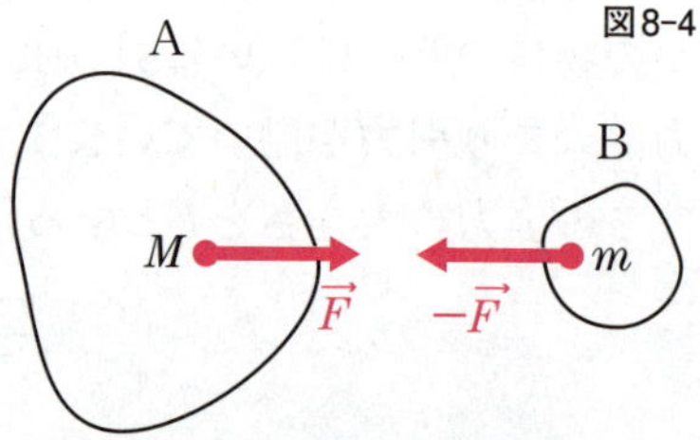

万有引力も作用・反作用の法則を満たしている

運動の第3法則は成立しているのですね。

Step 3 gとGの関係

地上では，質量mの物体にはmgの重力が働きますが，これを万有引力の法則で書いてみましょう。

ここで考えてみてほしいことは，質量mの物体と地球との距離はいくらかということです。地上に置かれた物体なら，距離0ではないかと思ってしまいますが，我々の目に入る地上は地球のごく一部です。地表の裏側にも地球の質量があり，地表の裏側と物体との間には確実に距離があるわけですから，物体と地球の距離を0としてはいけません。

答えは，**地球の質量は地球の中心に集まっていると考え，中心から物体までの距離を測る**のです。これは数学的に証明できるのですが，ここではその事実を知っておくだけで結構です。

そこで，**地球の中心から地表までの距離**——すなわち**地球の半径**をRと書いておきます。また，地球の質量をMとしておきます。そうすると，質量mの物体と地球との間に働く万有引力の大きさFは，

図8-5

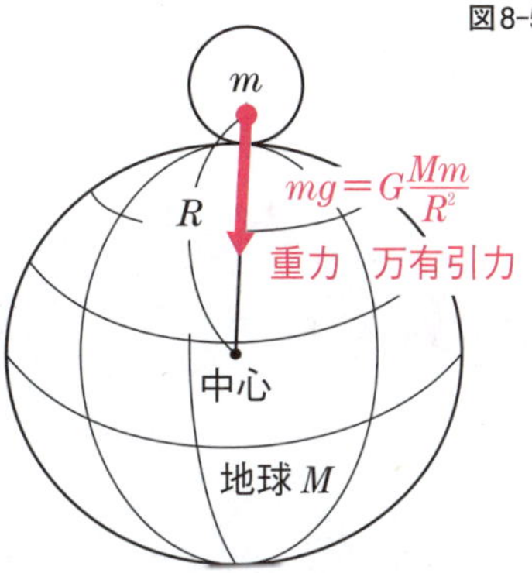

$$F = G\frac{Mm}{R^2}$$

となります。

地球の質量を$M = 5.97 \times 10^{24}$〔kg〕，半径を$R = 6.38 \times 10^6$〔m〕として，Gの値も入れて計算してみます。すると，有効数字2桁で計算して，

$$F = 9.8 \times m$$

となります。つまり重力加速度の大きさ9.8は，式で書くと，

$$g = G\frac{M}{R^2}$$

から出てくるのですね。

上の式は，覚えておいて損はありません。というか，万有引力の法則を覚えておいて，そこから，

$$G\frac{Mm}{R^2}=mg$$

とすれば，すぐに出てきますね。

月に行けば体重（体重とは体の質量のことではなく，体と月の間に働く万有引力の大きさのことです）が約$\frac{1}{6}$になるのは，地球の質量Mの代わりに月の質量を入れ，地球の半径Rの代わりに月の半径を入れれば出てきます。

gとGの関係，しっかり理解しておいてくださいね。

Theme 2

円軌道の問題を解く

人工衛星や惑星などが**円軌道**を描いて運動する問題の解きかたを説明しましょう。

Step 1 天体はどんな運動をするのか

地球の周りを回る人工衛星や太陽の周りを回る惑星などの天体は，真空の宇宙空間を運動します。《タッチ》しているものがありませんから，**それらの天体に働く力は万有引力だけ**です。

図8-6

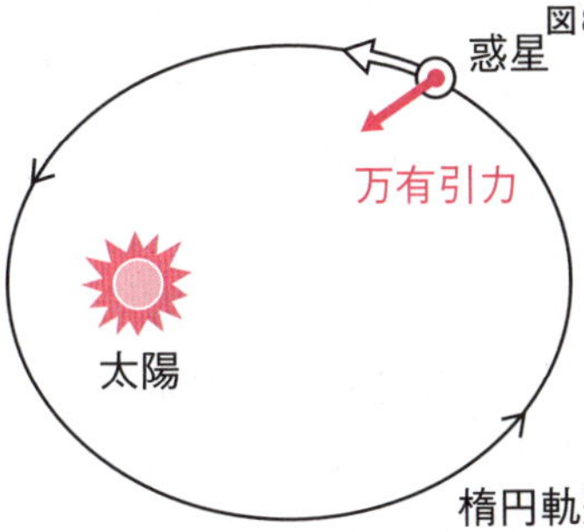

そこでこれらの天体の運動方程式はすぐに立てることができるのですが，それを解くのはそう簡単ではありません。

結論を言うと，万有引力だけを受けて運動する物体の運動は，一般的に**楕円軌道**になります（数学的に厳密に言うと，楕円を含む2次曲線です）。

具体的に楕円の式を出すには，難しい積分計算をしなければならないので，高校物理では楕円の中でも特別の楕円である円運動だけを，運動方程式を立てて解きます。

図8-7

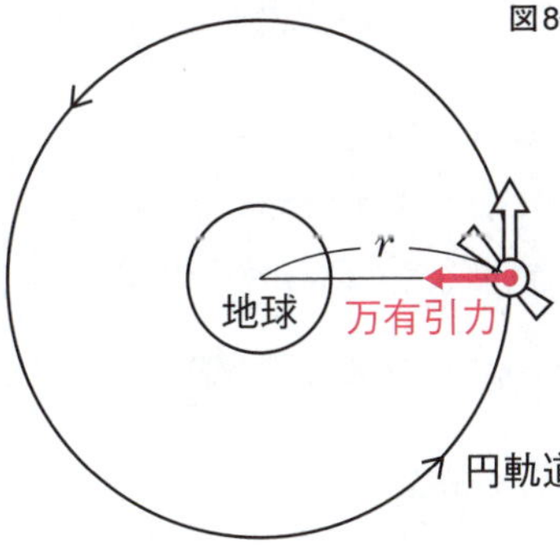

円も楕円の一種

円運動なら第7講でやりましたね。わりと簡単にできるのです。

楕円軌道については，Theme 3のケプラーの法則のところで説明することにします。

Step 2 円運動の方程式を立てて解く

円軌道を描いて地球の周りを運動する人工衛星の問題を解いてみます。

地球を中心にして半径rの円軌道を描いている人工衛星があります。この人工衛星の速さvを求める問題を解いてみましょう。

地球の質量Mと万有引力定数Gは与えられているとします。

円運動の解法を思い出してください。

円運動なので，座標軸は人工衛星から地球の中心方向にx軸をとります（**ねらいはヘソだ！**）。

図8-8

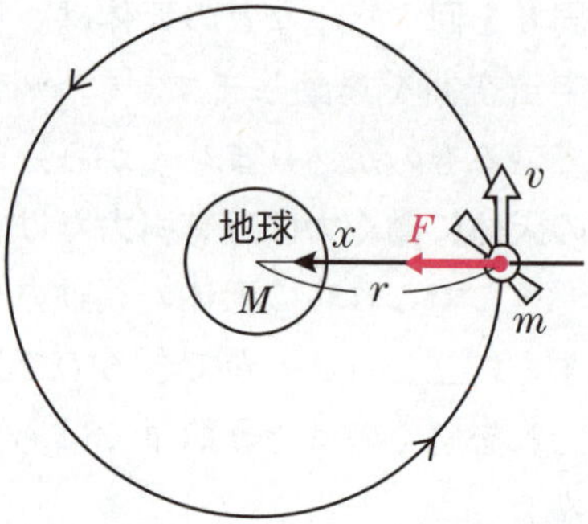

人工衛星に働く力は地球からの万有引力だけなので，x軸方向の力Fには**万有引力の法則**を入れます。これ以外に人工衛星に働く外力はないので，力はx軸方向（動径方向）しかありません。つまり，この人工衛星は**等速円運動**をするということがわかります。

そこで人工衛星の質量をmとして，円運動の運動方程式は，

$$\frac{mv^2}{r} = G\frac{Mm}{r^2}$$

万有引力だけを受けて等速円運動する物体の運動方程式は，すべてこの形になりますので，慣れておきましょう。

簡単な計算でvが出てきます。

$$v = \sqrt{\frac{GM}{r}}$$ …… 答え

これが答えです。

Theme 3

ケプラーの惑星の法則

ニュートンが万有引力の法則を発見する以前に，ケプラーは**惑星の運動の3法則**を発見していました。しかし，いまから紹介するように，この3法則は少し複雑な内容です。17世紀という時代によくこんな法則を見つけたものだと感心します。

またニュートンは，この複雑な3法則を，万有引力という単純な法則から説明したのです。これまた天才のなせるわざです。

Step 1　第1法則――楕円軌道

【第1法則】惑星は太陽を1つの焦点とする楕円軌道を描く。

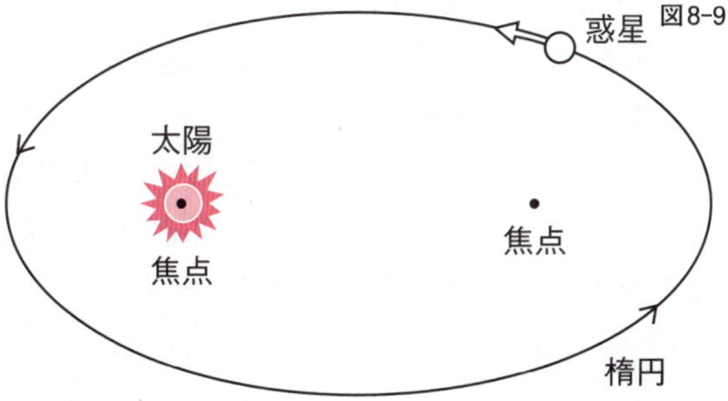

図8-9

楕円には**焦点**と呼ばれる点が2つありますが，**太陽はその焦点の1つになっています**。

2つの焦点が1点に集まった特別な楕円が，円です。ですから，万有引力の下では，物体は一般的に楕円軌道を描くのですが，その特別な場合として円軌道の場合もあるのですね。

この第1法則には式が出てきませんから，この法則だけで問題を解くということはあまりありません。

Step 2 第2法則――面積速度一定

【第2法則】惑星と太陽を結ぶ線分が一定時間に描く面積は一定である。

図8-10

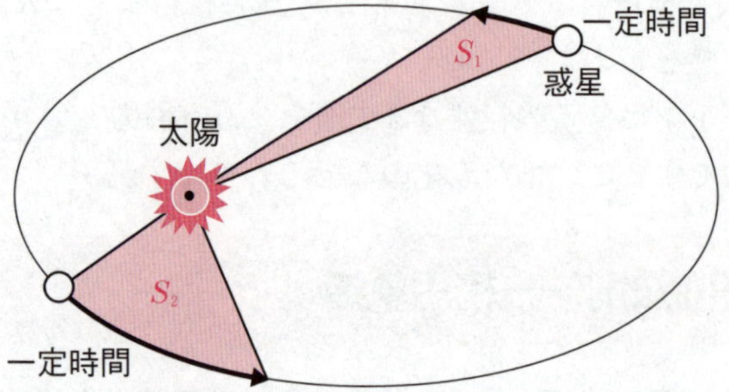

第2法則は，図8-10のS_1とS_2が等しいと言っています。一定時間あるいは単位時間あたりの面積なので，これを**面積速度**と呼びます。そこで，第2法則は，**面積速度が一定である**と言いかえることができます。

入試でよく出る問題は，惑星が太陽に一番近い点（**近日点**）と一番遠い点（**遠日点**）での面積速度です。この場合，形が直角三角形になるので(図8-11)，面積速度が次のように簡単に書けるのです。

$$\frac{1}{2}r_1v_1 = \frac{1}{2}r_2v_2$$

図8-11

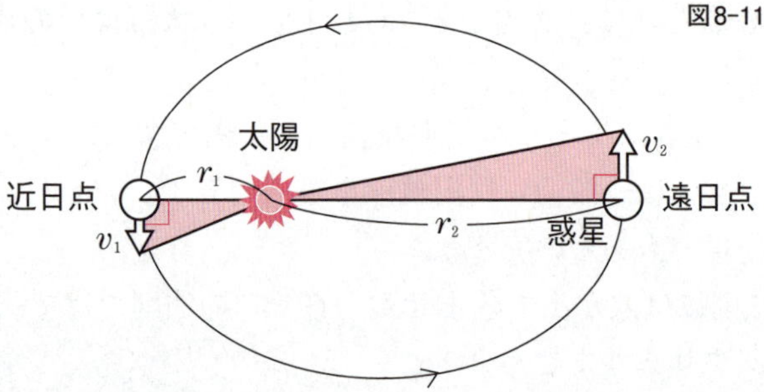

Step 3 第3法則——周期と長半径の関係

第1法則，第2法則は，1つの惑星についての法則でしたが，第3法則は，太陽をめぐるすべての惑星についての関係です。

【第3法則】1つの惑星の公転周期Tの2乗と楕円軌道の長半径aの3乗の比は，どの惑星においても同じである。

$$\frac{T_1^2}{a_1^3}=\frac{T_2^2}{a_2^3}=\cdots\cdots=\text{一定}$$

図8-12

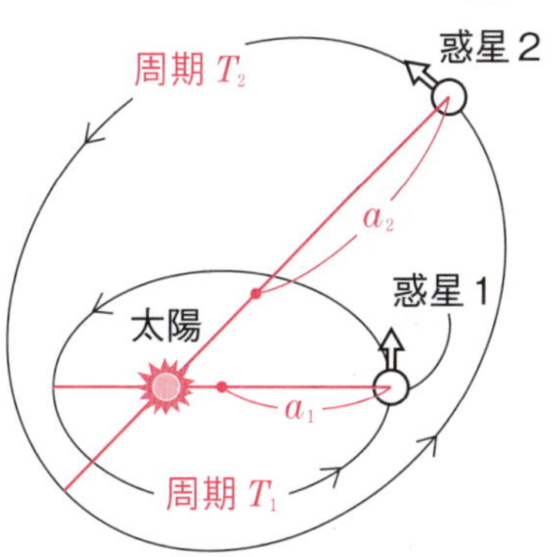

ケプラーの法則は，太陽の周りを回る惑星についての法則ですが，万有引力が原因ですから，地球を回る人工衛星など，**ほかの天体の運動にも適用できます。**

ケプラーの法則を使って解く問題は，円軌道の問題よりやや難しくなっています。それについては問題演習❷でやってみましょう。

ケプラーの惑星の3法則は，中身を理解したうえで，一通り覚えておいてください。知識を問う問題として入試に出題されることもあります。

まとめ—11

ケプラーの惑星の法則

・第1法則
惑星は太陽を1つの焦点とする楕円軌道を描く。

・第2法則
惑星と太陽を結ぶ線分が一定時間に描く面積は一定である。

・第3法則
1つの惑星の公転周期Tの2乗と楕円軌道の長半径aの3乗の比は，どの惑星においても同じである。

$$\frac{\boldsymbol{T}_1^2}{\boldsymbol{a}_1^3}=\frac{\boldsymbol{T}_2^2}{\boldsymbol{a}_2^3}=\cdots\cdots=\text{一定}$$

Theme 4

万有引力の位置エネルギー

第3講で，重力の位置エネルギーを学びました。重力は地球表面上での万有引力のことですから，**万有引力にも位置エネルギーがあります**。

Step 1 重力の位置エネルギー mgh との比較

地上において，高さ h にある質量 m の物体がもつ重力の位置エネルギー U は，

$$U = mgh$$

でした。これは万有引力の位置エネルギーの g が9.8〔m/s²〕という一定値であるときにだけ成立する式で，いわば近似式です。

万有引力の位置エネルギーを式で求めるためには，積分の知識が必要です。本書では微積分は原則として使いませんので，ここは残念ながら結果だけを示しておきます。

m がいま考えている物体の質量です。

このときこの物体がもつ万有引力の位置エネルギーは，次の式で与えられます。

$$U = -G\frac{Mm}{r}$$

万有引力の式の r^2 を r にし，全体をマイナスにした式です。

これをグラフで描けば，右図のようになります。

位置エネルギーの基準点は自由に選べますが，上の式では r が非常に大きくなったときに $U=0$ となります。つまり，万有引力が及ばない**無限の遠方での位置エネルギーを0**とし，それ以外では位置エネルギーはマイナスであるとするのです。

図8-13

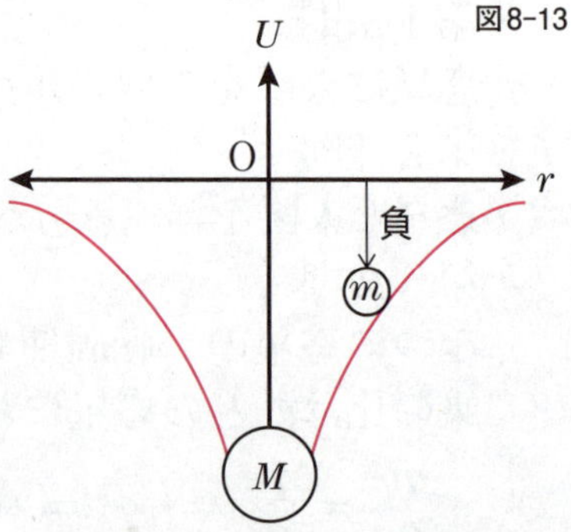

$r=\infty$ を基準点 $(U=0)$ とする

マイナスがついているのが馴染めないと思われるかもしれませんが，図を見ると引力のイメージをよくつかむことができます。

つまり，万有引力の位置エネルギーは，中心の地球（あるいは太陽，あるいはほかの天体）が底で，ちょうどアリジゴクのようなすり鉢状になっているのです。

この縁にパチンコ玉を置いてみると，中心の地球へ落ちていくでしょう。これが地球に向かってものが落ちるという現象です。

次にパチンコ玉に水平方向に速度を与えてやると，すり鉢の内面に沿って円運動するでしょう。これが円軌道を描く人工衛星に相当するわけです。

万有引力の位置エネルギーのグラフの形は$\dfrac{1}{r}$の双曲線ですが，中心からの距離が地球の半径Rとなる場所を拡大してみると，近似的に直線状の斜面になっているはずです。

図8-14

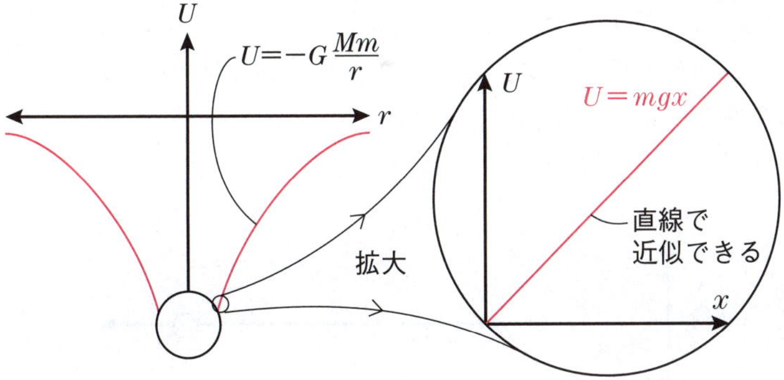

この直線状の斜面の式が，

$U = mgh$

なのです（変数hをxと書き直せば，$U = mgx$という直線の式になります）。

Step 2 力学的エネルギー保存則

万有引力の位置エネルギーは，力学的エネルギー保存則の形でよく利用されます。

たとえば，地球の中心から距離rにある質量mの人工衛星の速さをvとすると(円軌道でなくてもかまいません)，この人工衛星がもつ全力学的エネルギーEは，

$$E=\frac{1}{2}mv^2-G\frac{Mm}{r}$$

となります。

図8-15

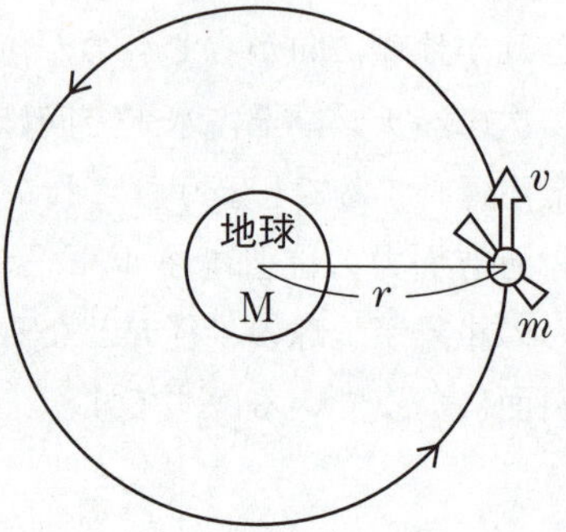

この人工衛星が地球の引力圏から脱出して，無限の彼方に遠ざかるためには，人工衛星の速さvはどのような条件を満たさないといけないでしょうか。

図8-16

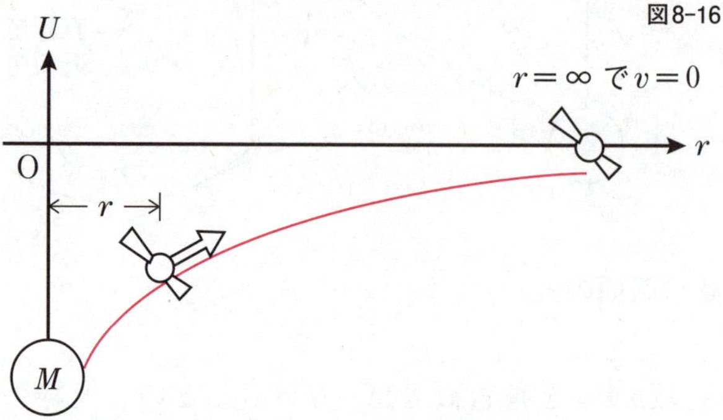

力学的エネルギーが保存

このような問題を解くときに，**力学的エネルギー保存則**を使います。

人工衛星に働く力は万有引力以外にありませんから，万有引力以外に仕事をする力はありません。つまり人工衛星のもつ全力学的エネルギーは，地球から無限の彼方に遠ざかっても変わらないということです。

無限の彼方で人工衛星の位置エネルギーは0です（$r \to \infty$だから）。また，無限の彼方までくれば速さは0でもかまいませんから，人工衛星が無限の彼方まで遠ざかる条件は，

$$E = \frac{1}{2}mv^2 - G\frac{Mm}{r} \geqq 0$$

となります。これをvについて解けば，

$$v \geqq \sqrt{\frac{2GM}{r}} \cdots\cdots \text{答え}$$

力学的エネルギー保存則は万有引力の問題を解くうえでの重要な式です。とくに，ケプラーの法則とあわせて使うことがよくあります。

問題演習

万有引力の問題を解く！

1 地球上のどこから見ても静止して見える静止衛星は，赤道上空の円軌道を地球の自転周期と同じ周期で回っている人工衛星である。地球の質量をM，地球の自転周期をT，万有引力定数をGとしたとき，静止衛星の軌道の半径はいくらか。

図8-17

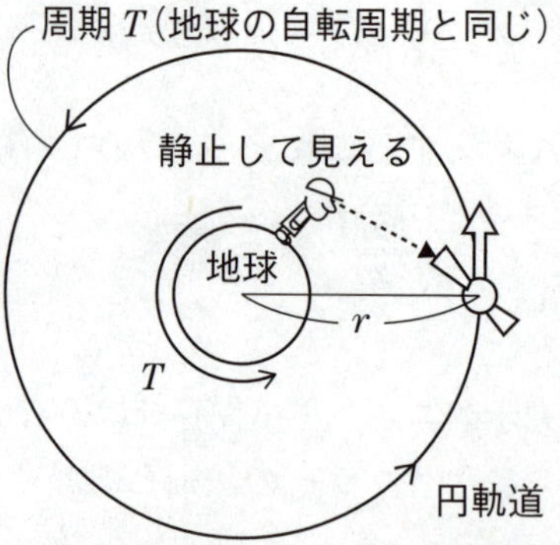

橋元流で解く！

準備 周期Tと角速度ωの関係は，

$$T = \frac{2\pi}{\omega}$$

です。これは公式として覚えておいてよいですが，忘れたときは，角速度2π（1秒で2πラジアン）で回転する円運動の周期は1秒ですから，そこから簡単に導けます。 END

図8-18

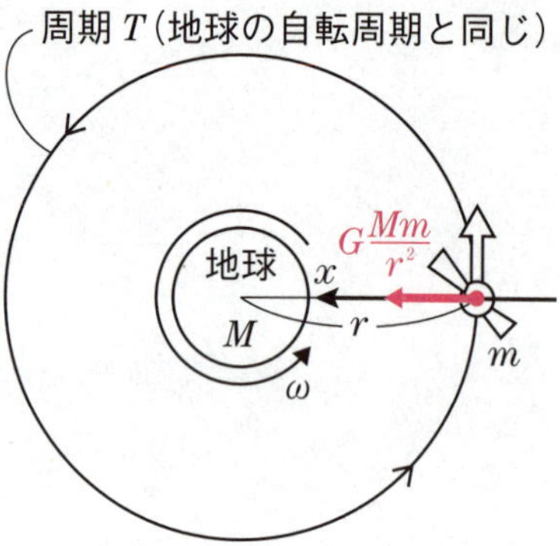

そこで，角速度ωを使った円運動の運動方程式を立てます。

求める軌道半径をr，静止衛星の質量をmとすると，円運動の（動径方向の）運動方程式は，

$$mr\omega^2 = G\frac{Mm}{r^2}$$

よって，

$$r = \left(\frac{GM}{\omega^2}\right)^{\frac{1}{3}}$$

この式に，$\omega = \dfrac{2\pi}{T}$を代入して，

$$r = \left(\frac{GMT^2}{4\pi^2}\right)^{\frac{1}{3}} \quad \cdots\cdots$$ 答え

答えの式を3乗すると，r^3はT^2に比例していることがわかります。これはケプラーの第3法則の関係を示しています。

静止衛星の高度の具体的な値は，赤道上空約36000 kmです。軌道半径はこの値に地球の半径約6400 kmを足すことになります。

赤道上空約36000 kmという値は覚えておくと何かと便利ですよ。

2

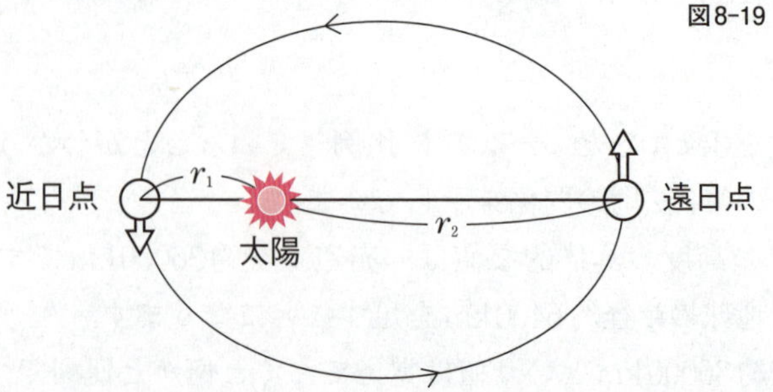

太陽の周りを楕円軌道を描いて運動する惑星がある。太陽からの近日点の距離がr_1，遠日点の距離がr_2であるとき，惑星の近日点と遠日点における公転の速さをそれぞれ求めよ。ただし万有引力定数をG，太陽の質量をMとする。

橋元流で解く！

準備 楕円軌道の典型的な問題です。近日点，遠日点という言葉を覚えておきましょう。Theme 3 Step 2でも少し触れましたが，**近日点とは，惑星が太陽にもっとも近づく点，遠日点とは太陽からもっとも遠ざかる点**です。もし，地球の周りを回る人工衛星なら，近地点，遠地点という言葉を使います。楕円を描いてみるとわかりますが，近日点と太陽と遠日点を結ぶ線は直線で，楕円の長い方の直径になっています。 END

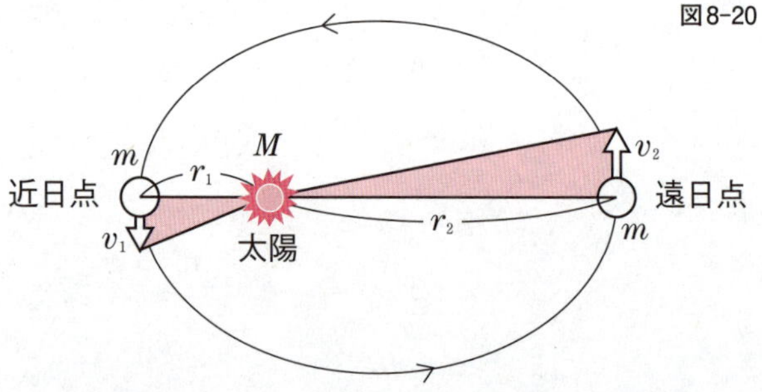

近日点での惑星の速さをv_1，遠日点での惑星の速さをv_2として，図に書き入れると，これらの速度ベクトルは楕円の接線方向なので，v_1はr_1に対

して垂直，同様にv_2はr_2に対して垂直であることがわかるでしょう。

つまりケプラーの第2法則（面積速度一定）をこの近日点と遠日点に適用すれば，そこにできる三角形は直角三角形で，面積が簡単に出せますね。

$$\frac{1}{2}r_1v_1 = \frac{1}{2}r_2v_2 \quad \cdots\cdots ①$$

r_1とr_2は与えられていますが，v_1とv_2は未知数ですから，この第2法則だけから問題を解くことはできません。もう1つ式が必要ですね。

このようなときの常套手段が，**力学的エネルギー保存則**です。

惑星の質量をmとして，近日点と遠日点に力学的エネルギー保存則を適用すれば，

$$\frac{1}{2}mv_1{}^2 - G\frac{Mm}{r_1} = \frac{1}{2}mv_2{}^2 - G\frac{Mm}{r_2} \quad \cdots\cdots ②$$

あとは式①，②を連立方程式として解けばよいのです。

式①より，

$$v_2 = \frac{r_1}{r_2}v_1$$

これを式②に代入して，式を整理すると，

$$v_1{}^2 - \frac{2GM}{r_1} = \left(\frac{r_1}{r_2}\right)^2 v_1{}^2 - \frac{2GM}{r_2}$$

これを解いて，

$$v_1 = \sqrt{\frac{2GMr_2}{(r_1 + r_2)r_1}} \quad \text{（近日点）} \cdots\cdots \text{答え}$$

$$v_2 = \sqrt{\frac{2GMr_1}{(r_1 + r_2)r_2}} \quad \text{（遠日点）} \cdots\cdots \text{答え}$$

ケプラーの法則を使う問題は，少し難しく感じますが，問題のパターンがほぼ決まっているので，いくつか解いて慣れておくようにしましょう。

3 地球の周りを円軌道を描いて周回している人工衛星がある。この人工衛星に，動径の外方向にある速さVを瞬間的に与えて，地球から無限の彼方に遠ざかるようにしたい。速さVの値は，円軌道を描いている接線方向の速さの何倍以上でなければならないか。

図8-21

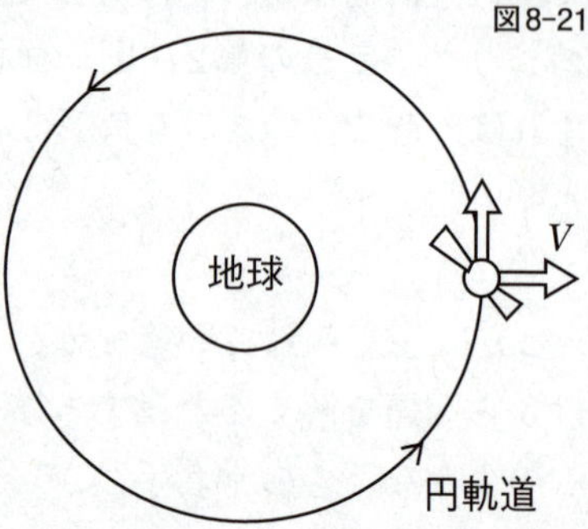

橋元流で解く！

人工衛星の軌道半径をr，速さをvとします。また万有引力定数をG，地球の質量をM，人工衛星の質量をmとして，円運動の方程式を書きます。

図8-22

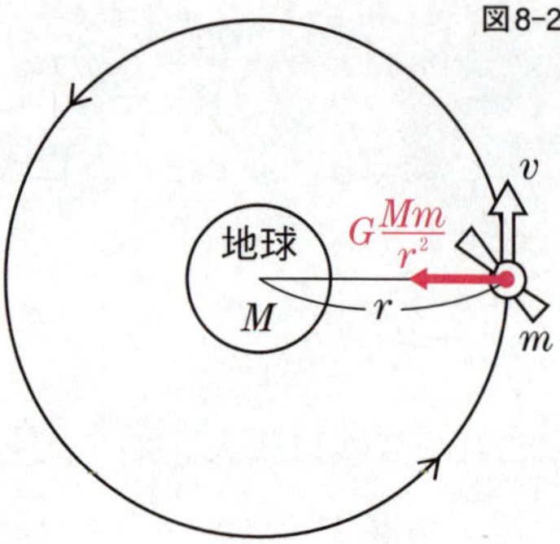

$$\frac{mv^2}{r}=\frac{GMm}{r^2}$$

よって，

$$v=\sqrt{\frac{GM}{r}} \quad \cdots\cdots①$$

図8-23

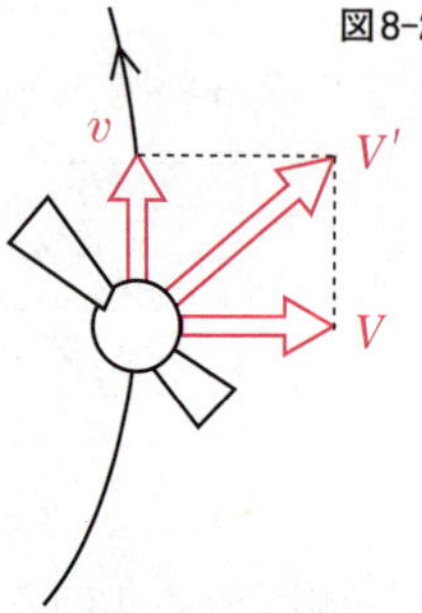

人工衛星に動径外方向にVの速さを与えると，この直後の人工衛星の速さV'は，図8-23からわかるように，

$$V'=\sqrt{V^2+v^2} \quad \cdots\cdots②$$

となります。

ところで，人工衛星が無限の彼方に遠ざかるためには，Theme 4 Step 2でやったように，無限の彼方での全力学的エネルギーが0以上でなければなりませんから，力学的エネルギー保存則より，速さVを与えた直後の全力学的エネルギーが0以上でなければなりません。

図8-24

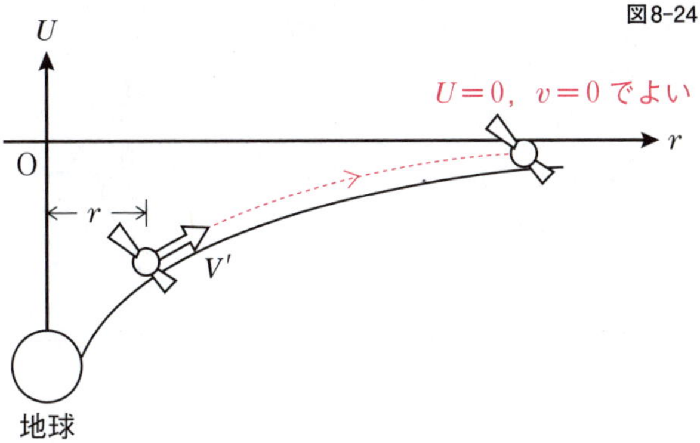

$$\frac{1}{2}mV'^2 - G\frac{Mm}{r} \geqq 0$$

よって,

$$V' \geqq \sqrt{\frac{2GM}{r}} \quad \cdots\cdots ③$$

式②, ③より,

$$V^2 + v^2 \geqq \frac{2GM}{r}$$

式①の v の値を代入して,

$$V^2 + \frac{GM}{r} \geqq \frac{2GM}{r}$$

よって,

$$V \geqq \sqrt{\frac{GM}{r}}$$

この右辺は, 式①の円軌道のときの速さ v と同じですから, V は v の,

1倍 …… 答え

以上であればよいということになります。

この問題からわかることは, 円軌道を描いている物体を無限の彼方に持っていくには, 速度の向きは問わず, 円軌道の速さの $\sqrt{2}$ 倍以上の速さにすればよいということです。これは式①と式③より,

$$V' \geqq \sqrt{2}v$$

となることからわかりますね。

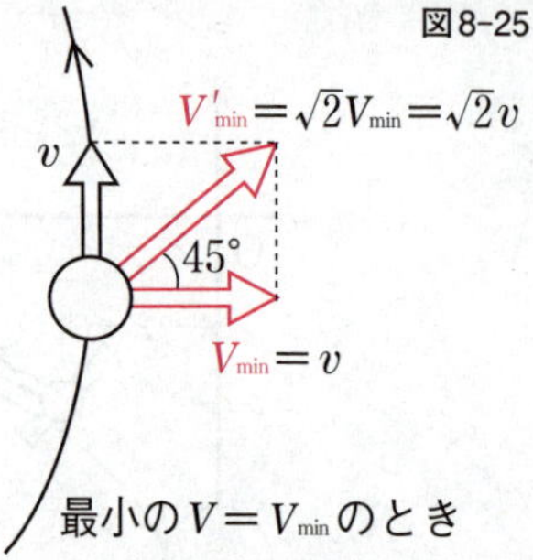

図8-25

ただし，加える速度の向きによって，加える速度の大きさは変化します。図8-25は問題で扱った動径の外方向に速度を加える場合です。vの$\sqrt{2}$倍の速さにするためには，外方向にもvだけ加速させないといけないことが，この図からもわかりますね。でもたとえば，接線方向に加速して速度を与えるのなら，vの$\sqrt{2}$倍にすればよいので，円軌道でもっている速度の（$\sqrt{2}-1$）倍だけ加速させればよいということになります。

もう1つ，この問題からわかることは，運動方程式全体を$\dfrac{r}{2}$倍することにより，

$$\frac{1}{2}mv^2=\frac{1}{2}G\frac{Mm}{r}$$

となりますから，円軌道を描いている物体の運動エネルギーは，必ず位置エネルギーの絶対値の半分になっているということです。このことも覚えておけば便利ですね。

第9講

単振動

Theme 1
フックの法則とばねの弾性エネルギー

Theme 2
単振動の「いつ」「どこに」あるか

Theme 3
これだけで80点とれる単振動の解法

問題演習
単振動のいろいろなパターンの
問題を解く！

講義のねらい

単振動は難しくない！
これだけで80点とれる解法がある！

Theme 1

フックの法則とばねの弾性エネルギー

単振動の代表は，ばねにつながれた物体の往復運動です。ばねにつながれた物体は，ばねからどんな力を受けるのか，というところから，考えてみましょう。いちいち断りませんが，ばねの質量は無視でき，ばねは理想的な伸び縮みをするものとします。また，「小物体」などと表現しているばねにつながれた物体は，すべて質点とみなせるものとします。

Step 1 フックの法則

図9-1のように，水平でなめらかな床の上に，1本のつるまきばね（以下，たんにばねと呼びます）を置き，ばねの一端を壁に固定し，他端に小物体をつなぎます。図9-1の状態で，ばねは伸び縮みしていないとします。このように**伸び縮みしていないときのばねの長さをばねの自然長（自然の長さ）**と呼びます。

図9-1

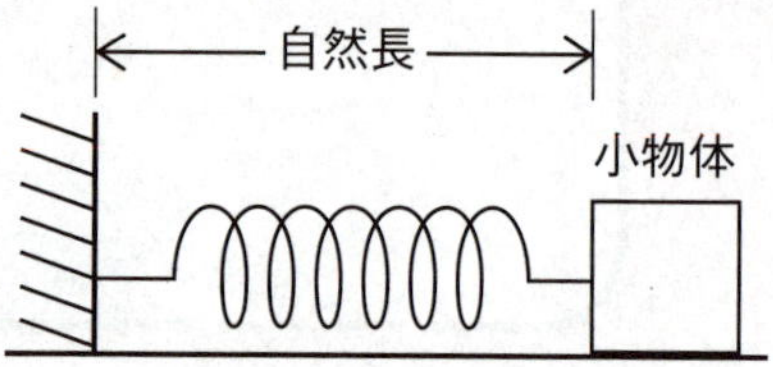

ばねの特徴は，自然長から伸びれば縮もうとし，自然長から縮んだ状態では自然長に戻ろうとします。自然長の状態では，伸び縮みがありませんから，小物体はばねから力を受けませんね。

ここで座標軸をとっておきましょう。これまで物体のさまざまな運動で座標軸のとりかたの重要性をお話ししてきましたね。単振動においても座標軸のとりかたはとても重要です。

図9-2

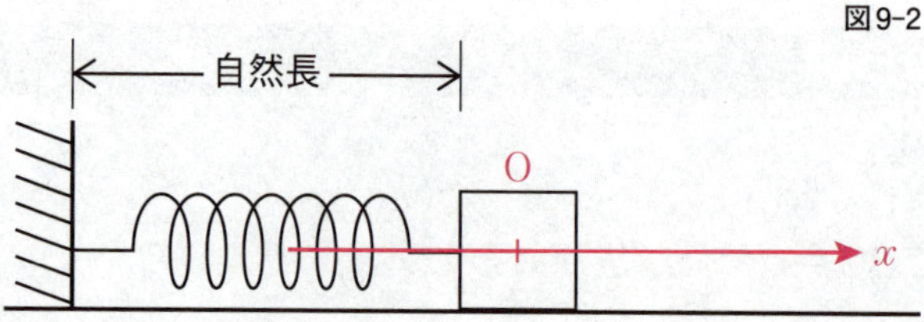

ばねが自然長の状態のとき小物体がある場所を座標の原点Oとします。これは単振動における原点のとりかたの基本です。ただし，単振動ではいつも原点をばねの自然長にとるとは限りません。状況によっては，もっと便利なとりかたがあるのです。それについては，Theme 3でお話ししますので，それまでは自然長を原点とすることにします。

次に原点Oからばねが伸びる方向に，x軸の正方向をとります。ばねはx軸の正と負の方向にだけ動くとします。つまり小物体の位置は，x座標だけで表すことができます。

ばねが縮む方向を正方向としても，それはそれで差し支えないのですが，とくに特殊な事情がない限り，ばねが伸びる方向を正にとる方がわかりやすいです。

図9-3

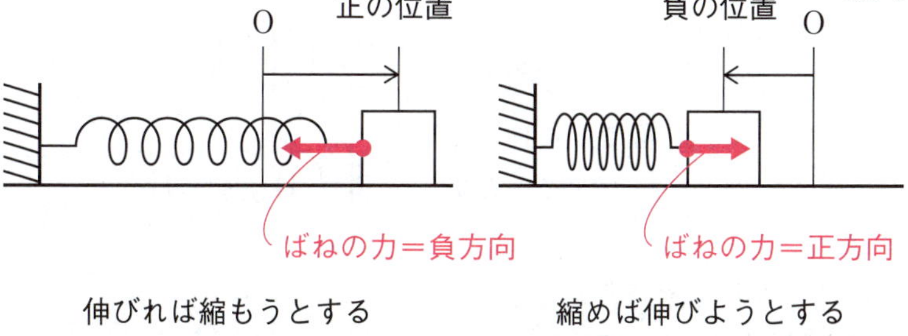

さて，ここで小物体を手で持って，ばねが伸びる方向にほんの少し動かしてみます。小物体に働く力は，重力とタッチしている床からの垂直抗力とばねの力の3つですが，重力と垂直抗力は鉛直方向でつりあっています。ですから，実質的に小物体は水平方向の力だけをばねから受けていることになります。

ばねの伸びる方向に小物体を動かせば，小物体はばねから，ばねの縮む方向に引っ張られますね。つまりx軸の正方向に小物体を動かすと，小物体はばねからx軸の負方向に力を受けることになります。逆に，ばねの縮む方向に小物体を動かすと，ばねは伸びようとしますから，小物体はばねが伸びる方向に力を受けます。つまり，x軸の負方向に動かすと，x軸の正方向に力を受けます。

以上から，ばねにつながれた小物体に働く力の重要な性質がわかります。

まず，**ばねが自然長の位置では，小物体に働く力は0**です。

次に，小物体がx軸の正の位置にいるときは負方向に力を受け，x軸の負の位置にいるときは正方向に力を受ける，というように，**小物体の位置と力の符号が逆になる**ということですね。これは，常にばねは自然長の位置に戻ろうとする性質があるからで，このような力を**復元力**と呼びます。

一般に，ある点を中心に往復運動している小物体は，すべてばねと同じ復元力の力を受けています（原因がばねでない場合もあります）。

次に，ばねの力を特徴づけるさらに重要な性質について見てみます。

それは，小物体の位置がばねの自然長の位置から離れれば離れるほど，復元力の大きさは大きくなるということです。

図9-4

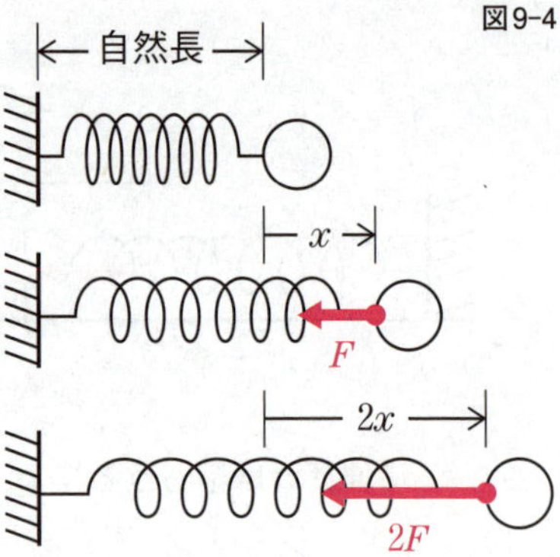

たとえば，ばねが自然長からxだけ伸びているとき，小物体がばねから受ける力が$-F$であったとします。次に小物体をさらに動かし，ばねが自然長から$2x$だけ伸びたときに，小物体がばねから受ける力は，$-2F$になるのです。

つまり，**ばねの復元力の大きさは，ばねの自然長からの伸びに比例**するということですね。

この比例定数をkと書いて，ばねの伸び（縮み）と復元力の関係を式で書けば，次のようになるでしょう。

$$\vec{F} = -k\vec{x}$$

もちろん，ばねの種類によって，kの値は変わってきます。しかし，ある決まったばねを使えば，そのときkは定数です。

kを，いま考えているばねの**ばね定数**と呼びます。

もし，kが大きければ，伸び（縮み）が同じでも，Fの大きさは大きくなりますね。つまり，小物体は強い力で引かれる（押される）ことになります。ですから，ばね定数kは，いわば，そのばねの強さあるいは硬さと言ってよいでしょう。硬いばねは，伸ばすのに強い力が必要です。それはばね定数が大きいということですね。

ばね定数kは，とても重要な量です。そのばねの特徴を表す唯一の物理量といってよいでしょう。そして，これから学んでいく単振動の公式には，このばね定数kが必ずといってよいほどからんでくるのです。

$$F = -kx$$

で表される関係を，**フックの法則**と呼びます。ばねの力はフックの法則に従う力の代表ですが，ばね以外でも，このような力が働く仕組みはいろいろあります。たとえば，水面に木片を浮かべて，鉛直方向にちょっと突くと，木片は上がったり下がったりの往復運動をするでしょう。このような運動も単振動で，木片に働く力はフックの法則に従っているのです。

1つ補足をしておきます。

ばねの力はフックの法則に従うといっても，実際には，ばねを自然長から引き伸ばしすぎると，ばねは伸び切って引き戻す力がなくなってしまいます。そこまでやらなくても，あまりにばねの伸び縮みが大きいと，正確にはフックの法則には従わなくなります。ですから，これまでにお話ししたことは，あくまで理想的な状況を想定しているのです。たとえば，ばねの自然長からの伸びが非常にわずかであるようなときには，かなりの正確さでフックの法則に従います。ですから，ふつうに扱う単振動の現象というのは，振幅が小さな，微小な振動ということを仮定しています。

高校物理の範囲では，フックの法則に従わないようなばねの運動は，まず出題されることがないので，安心してください。

Step 2　運動方程式

フックの法則に従う力がわかりましたので，ばねにつながれて運動する小物体の運動方程式を書いてみましょう。

座標軸はStep 1と同じように設定します。そして，小物体の質量をm，小物体が位置xにいるときの加速度をaとすると，その運動方程式は，

$$ma = -kx$$

となりますね。これが，**単振動をする物体の運動方程式**です。

もちろん，これは等加速度運動の運動方程式ではありません。力が一定

ではないからです。力は物体の変位xに比例しています。xは時間とともに変化しますから，この方程式から加速度を簡単に決定することはできません。

もちろん，変形して，

$$a = -\frac{k}{m}x$$

と書けますが，aもxも時間tの関数ですから，これでは方程式が解けたことにはなりません。このような方程式は，微分方程式といって，この方程式を解くには微積分の知識が必要なのです。

我々はこの運動方程式を，図を使って解くことにします。それについては，Theme 2でやることにしましょう。とりあえず，単振動の運動方程式が$ma = -kx$の形になることだけを覚えておいてくださいね。

Step 3 ばねの弾性エネルギー

単振動という往復運動の話に入るまえに，フックの法則に関係して，ばねのもつ弾性エネルギーについてお話ししておきます。

第3講「仕事とエネルギー」で学んだように**エネルギーとは仕事ができる能力**のことです。そして，仕事とは物体に力を加えて動かすことでした。

たとえば，高いビルの屋上にあるレンガは，地面にあるレンガと同じレンガですが，高い位置にあるというだけでエネルギーをもちます。なぜなら，高い位置から落ちれば，重力がレンガに仕事をして，レンガは運動エネルギーを得，そしてその運動エネルギーを使ってほかの物体に仕事をすることができるからです。このようなエネルギーは，位置エネルギーと呼ばれるものでした。ビルの屋上にあるレンガがもつ位置エネルギーは，重力の位置エネルギーです。

さて，ばねにつながれた物体を考えてみましょう。ばねが伸びている状態で物体を手で支えていると，物体は運動エネルギーはもちませんが，手をはなせば物体は運動をはじめます。そして，その運動エネルギーを使って仕事をすることができます。ですから，ばねが伸び縮みしている状態は，一種の位置エネルギーがあると考えるのです。

ある力が位置エネルギーをもつには，特別な条件が必要なのですが，それは少し難しいことなので，ここではばねにも位置エネルギーがあるということだけを知っておいてください。そして，この位置エネルギーは，重力の位置エネルギーと違って物体の質量には関係がありません。

まず結果を先に書きます。

自然長からxだけ伸びて（縮んで）いるばねのもつ位置エネルギーUは，

$$U=\frac{1}{2}kx^2$$

と書けます。これをばねの**弾性エネルギー**と呼びます。

式にあるkは，もちろんStep 1で出てきたばね定数です。強いばね，硬いばねは，その強さに比例したエネルギーをもつということですね。

単振動の問題を解くときには，上の弾性エネルギーの公式を丸暗記しておけばほとんど解けます。エネルギーには，$\frac{1}{2}$なんとかなんとかの2乗という形が多いので覚えやすいですね。

以下は，それだけでは満足できない，なぜ$\frac{1}{2}kx^2$なのか知りたいという人のための説明です。時間がなければ，飛ばしてもかまいません。

Step 4 なぜ$\frac{1}{2}kx^2$なのか

エネルギーと仕事は同等のものです。ですから，エネルギーは仕事に変わり，仕事はエネルギーに変わります。

いま，ばねを自然長の位置から少しずつ伸ばしていく状況を想像してみましょう。重力の位置エネルギーmghが簡単に導けたのは，重力は地面からの高さに関係なくいつもmgと書けたからでした（地上付近だけの話ですが）。mgの力でhだけ動かせば，力mg×距離$h=mgh$だからです。しかし，ばねの場合，ばねの**伸び縮みによって力は変化します**。そのため，簡単に力×距離とは書けないわけです。

図9-5

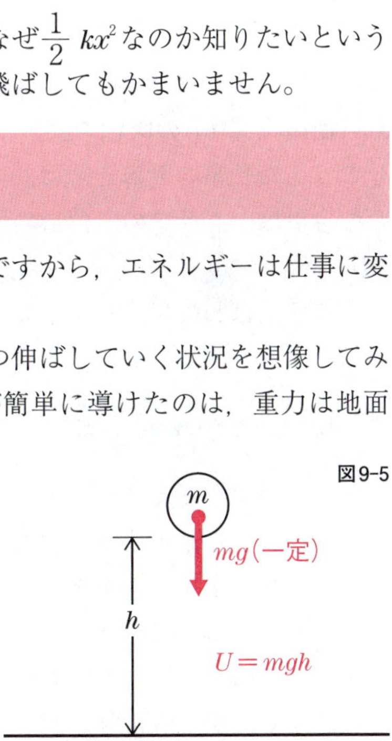

重力の位置エネルギーU

そこで，ばねを自然長からxまで伸

ばす間を，非常に細かく分割してみます。そして，その細かい幅をΔxとします。

グラフを見てください。

図9-6

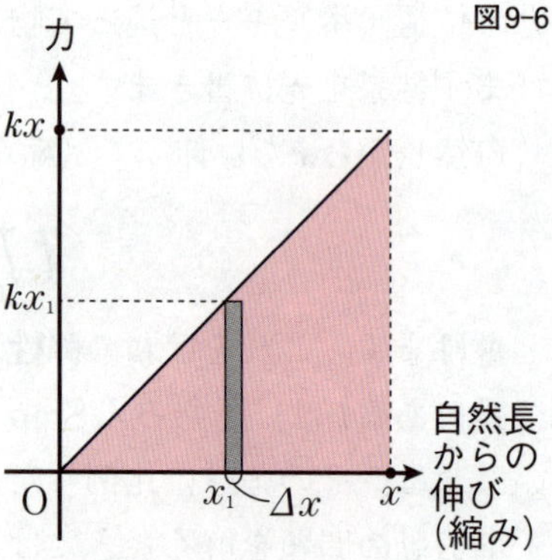

いまばねの自然長からの伸びがx_1の状態を考えると，このときばねが引く力の大きさはkx_1ですね。この状態から，非常に短い距離Δxだけばねを伸ばします。Δxは非常に短いので，この間にばねの力はkx_1からほとんど変わらないでしょう（厳密に言えば，kx_1から$k(x_1+\Delta x)$まで変わるのですが，$k\Delta x$の部分は無視するのです）。そうすると，このΔxだけばねを伸ばすのに必要な仕事ΔWは，

$$\Delta W = kx_1 \times \Delta x$$

と書けます。

これは，グラフでいうと，底辺がΔx，高さがkx_1のきわめて細長い長方形の面積，図9-6の灰色の部分に相当しますね。

こうした仕事の計算を，ばねの自然長から伸びxまでしていくと，それらの合計は，グラフの三角形の面積（ピンク色部分）になることがわかるでしょう。

そこで，ばねの自然長からxだけ伸ばすのに必要な仕事Wは，三角形の面積，

$$W = \frac{1}{2}kx \times x = \frac{1}{2}kx^2$$

ということになります。

ばねにこれだけの仕事を加えれば，それはばねにエネルギーとして蓄えられるはずです。これがまさにばねの弾性エネルギーなわけですね。

こうして，ばねの弾性エネルギーの導出ができました。

実は，この方法は，数学の積分の原理を使ったのです。本書では微積分を使いませんが，微積分を使うとめんどうな式の導出が簡単になるので，知っている人はどんどん使うのがいいと思います。

Theme 2

単振動の「いつ」「どこに」あるか

Theme 1では，フックの法則という力の話ばかりで，単振動という往復運動についての説明はしませんでした。ここからようやく単振動という運動の説明に入ります。

何度もお断りしているように，本書では微積分を使いません。そのため，単振動という運動の位置，速度，加速度の導出に少し時間がかかります。これからお話しする単振動が円運動と密接に関係しているということは，単振動の理解に役立つだけでなく，電磁気学の交流回路の理解にも大いに役立つことなので，ぜひ一通りは読破していただきたいのですが，単振動の問題の解法という点では，結果だけを知っていればよいことが多いのです。

そこで，単振動の解法についてはTheme 3「これだけで80点とれる単振動の解法」にまとめました。早く問題を解いてみたいという人は，Theme 2は，ざっと目を通す程度で，すぐにTheme 3を読んでもかまいません。

Step 1　単振動は円運動の影である

力学の目的は，**「物体」が「いつ」「どこに」あるかを予測する**でした。それをもう少し物理的に言うと，時刻tでの物体の位置xがわかる，ということです。たとえば，加速度aの等加速度運動の位置の公式，

$$x = \frac{1}{2}at^2 + v_0t + x_0$$

は，位置xが時刻tの関数となっていて，tの値を入れれば，xの値がわかるわけですね。

単振動の「いつ」「どこに」はもちろん上の等加速度運動の公式とはぜんぜん違うものです。本来は，運動方程式を解いてxとtの関係を出すのですが，ここでは結果を先にお話しすることにします。

実は，**単振動は等速円運動と密接な関係がある**のです。

いま，図9-7のように長さAの針が角速度の大きさωで等速円運動している状況を想像してください。

時刻$t = 0$でこの針は右横を向いているとします（図9-7のOP_0）。針の先端はP_0から円周上を反時計回りに回転し，$P_0 \to P_1 \to P_2 \to P_3$と動き，再び$P_0$に戻ってきます。

図9-7

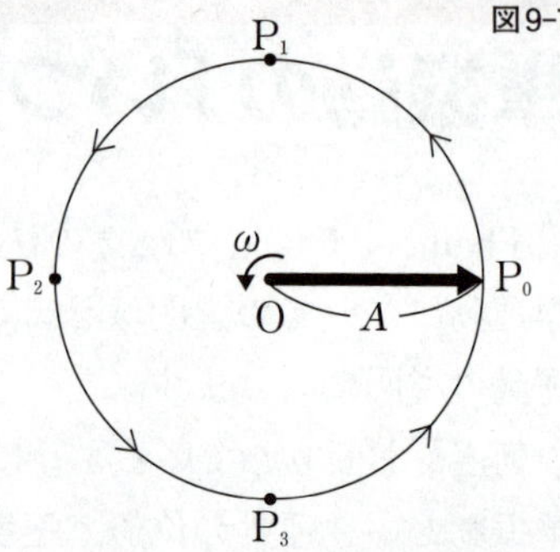

角速度 ω で回転する針

次に，この針の回転に対して左側から光を当てます。

そして，図9-8のように針の右側にスクリーンを縦に置けば，回転する針の影がスクリーンに映りますね。

このとき，**スクリーン上の針の影がどのような運動をするか**，考えてみましょう。

図9-8

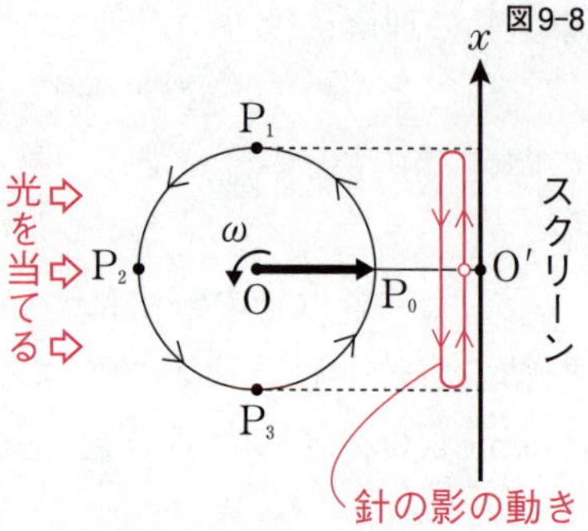

等速円運動の影

図9-8のOP_0を延ばしてスクリーンと交わる点をO'とし，この点を$x = 0$として，スクリーンに座標軸xを上向きにとります。そうすると，スクリーン上にできる針の先端の影の位置はx座標で表すことができます。

さて，時刻$t = 0$のとき，針の影は$x = 0$で点状になっています。そして，少しずつ時間がたつにつれて，針の先端の影はx軸を上の方へ動き，やがて針がOP_1に来たときに，影の長さは$x = A$まで伸びるでしょう。

さらに時間が経過すると，針の影はだんだん短くなり，針がOP_2に来たとき，再び$x = 0$となり，つづいて負の方向へ動きはじめ，$x = -A$で最小になって，そこから再び$x = 0$へと戻ります。

これが1周期です。針が1回転する間に，スクリーン上の影はx軸上を1往復しました。実は，この**往復運動が単振動**なのです。

O′から右側に時間tの座標軸をとり，影の運動が時間とともにどのように変化するかを図9-9に描いてみました。

図9-9

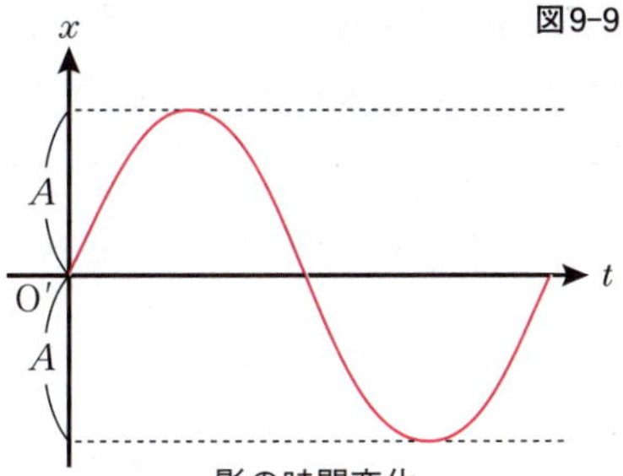

影の時間変化

このようにグラフを描くと，針の影は時間とともに三角関数で変化することが読み取れます。なぜなら，描かれたグラフは$x = A \sin \omega t$の形をしているからです。もちろん図を描いただけでは，本当にsinのグラフなのかどうかは正確にはいえません。

図9-10

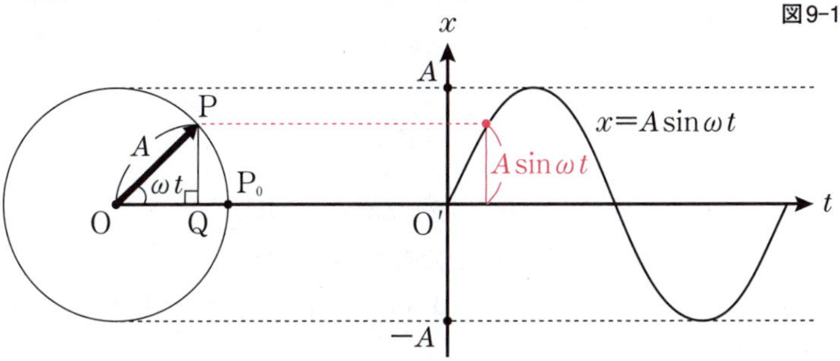

そこで，円運動する針の，ある時刻tにおける状態に戻ってみます。

円運動の角速度はωなので，（つまりωは1秒あたりに進む角度ですから）時刻tでの針がOP_0となす角はωtとなります。

時刻tでの針の先端PからOP$_0$に垂線を下ろし，その交点をQとすれば，△OPQは直角三角形で，

$$PQ = A \sin \omega t$$

となるでしょう。このPQの長さこそ，その瞬間にスクリーンに映った針の影の長さにほかなりませんから，確かに**針の影は，三角関数の形で変化する**ことが示されました。

ということで，単振動の「いつ」「どこに」は，

$$x = A \sin \omega t$$

という形で表せることがわかりました。

もっとも，Theme 1で見たフックの法則の運動方程式は，

$ma = -kx$

ですから，この2つにどのような関係があるのか，まだよくわかりませんね。

しかし，とりあえず単振動の式（時刻tでの位置xの式）が書けました。

ただ，単振動の式は必ずsinの形になるというわけではありません。

図9-11

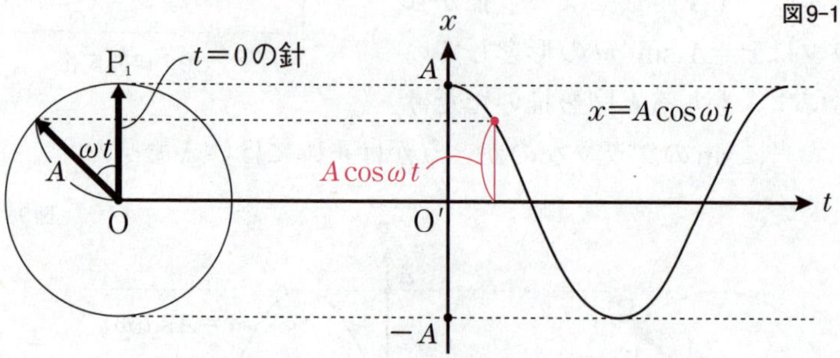

図9-11のように，時刻$t = 0$の針の位置が，OP_1であったとしましょう。

そうすると，時刻$t = 0$での針の影の長さは$x = A$です。

またそれ以降の影の動きは，図9-11の右側のグラフのようになるでしょう。

これは，

$x = A \cos \omega t$

という形をしています。このように，はじめに針がどこにあるかによって，位置xの式は，sinになったり，cosになったり，さらには$-$sin，$-$cos，さらにもっと一般的な形になったりします。

これは，等加速度運動で物体の最初の位置が原点$x = 0$でなければ，最初の位置x_0が公式につくのと同じようなことです。

高校物理の範囲では，sin形，cos形，$-$sin形，$-$cos形の4つを確認しておけば十分でしょう。これらは，時刻$t = 0$で針の先端が，P_0，P_1，P_2，P_3のそれぞれにある場合に対応しています。

Step 2 単振動の速度

Step 1で，単振動の位置と時間の関係が三角関数（sinなど）になることをお話ししました。「いつ」「どこに」がわかったわけですね。

等加速度運動の公式では，位置の公式のほかに速度の公式がありました。同様に，単振動においても，速度と時間の関係を求めることができます。

位置xが，

$$x = A \sin \omega t$$

で与えられる単振動の速度を求めてみましょう。

やはり，単振動を等速円運動の影の動きととらえて，もとの等速円運動で考えます。

図9-12は時刻tにおける針の様子です。時刻tで針はOP_0とωtの角をなしています。この針の先端に円運動の速度の矢印を描いてみます。

図9-12

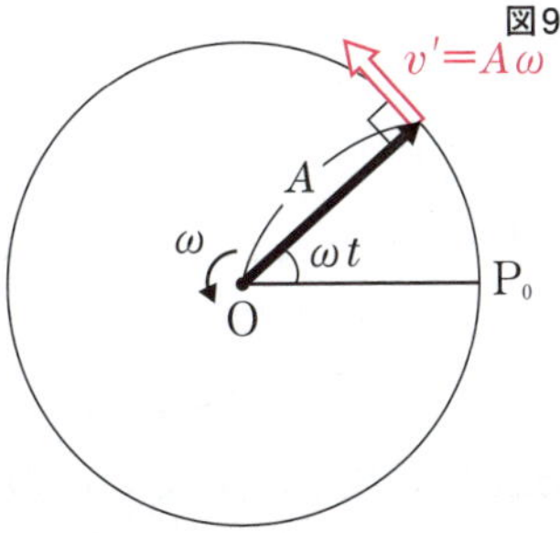

その向きは円の接線方向で，図9-12では左上を向いています。それでは，針の先端の速さはいくらでしょうか。

等速円運動ですから，第7講の円運動の公式を思い出してください。

円運動の速さvは，円の半径rと回転の角速度ωを用いて，

$$v = r\omega$$

と書けるのでしたね。

いま，円運動の半径はAですから，針の先端の速さをv'とすると，

$$v' = A\omega$$

となるはずです。等速円運動なので，この値はもちろん一定です。

それでは，単振動している物体の時刻tにおける速さはどうなるのでしょうか。

単振動している物体の位置が，針の先端のx座標で表せたように，やはり左側から光を当てて，**速度の矢印がx軸上にどのような影を作るか**を見

てみましょう。

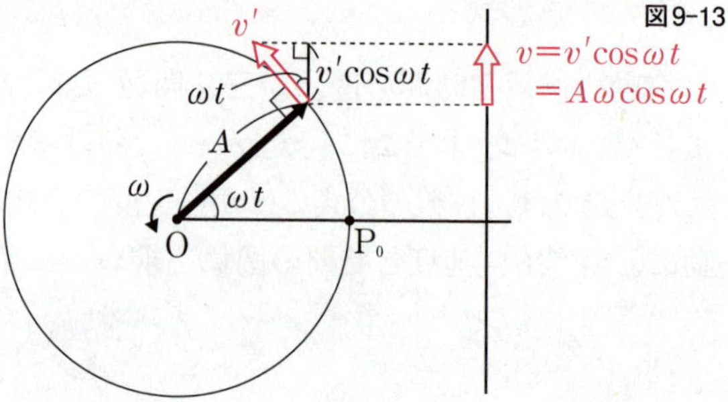

図9–13

図9–13からわかるように，速度の矢印v'の影の長さをvとすると，vは，

$$v = v' \cos \omega t$$

になります。v'は$A\omega$でしたから，けっきょく，

$$v = A\omega \cos \omega t$$

が，単振動している物体の時刻tでの速度の式ということになります。

「速さ」ではなく「速度」というとき，それは運動の向きも示していなければなりませんが，上の$\cos \omega t$は，角度ωtが90°を過ぎると，図を描けば明らかなように負方向を向きますので，上の式はたんなる速さではなく，単振動の速度を表しているのです。

もちろん，時刻$t = 0$での針の位置がOP_0と違えば，速度の式も違ってきます。

たとえば，$t = 0$での針の位置がOP_1の，

$$x = A \cos \omega t$$

という単振動に対しては，

$$v = -A\omega \sin \omega t$$

という形になります。

これらは，いちいち覚えておく必要はありません。

単振動の問題として，これらの三角関数の形を書かせる問題は意外に少ないのです。もし出題されたら，円運動の影として，そのつど求めればよいでしょう（三角関数の微分を知っている人なら，xの式をtで微分すれば，簡単にvの式になります）。

Step 3 単振動の加速度

つづいて，単振動の加速度をStep 2と同様の方法で求めてみましょう。

やはり，時刻$t=0$で針がOP_0の方向を向いている場合を考えます。

時刻tで針はOP_0に対してωt傾いています（図9-14）。

図9-14

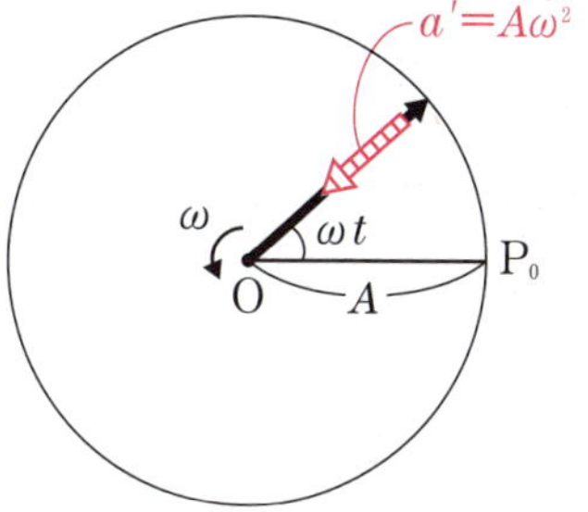

さて，ここで等速円運動の加速度は，動径方向，すなわち円の中心方向を向いていることを思い出してください。

第7講で見たように，半径rの円運動の動径方向の加速度の大きさa'は，角速度ωを使えば，

$$a' = r\omega^2$$

と書けるのでした（第7講Theme 1 Step 5）。

いま考えている円運動の半径はAですから，

$$a' = A\omega^2$$

です。

そこで，単振動している物体の加速度は，**この動径方向の加速度の矢印の影**を求めればよいのです。

図9-15

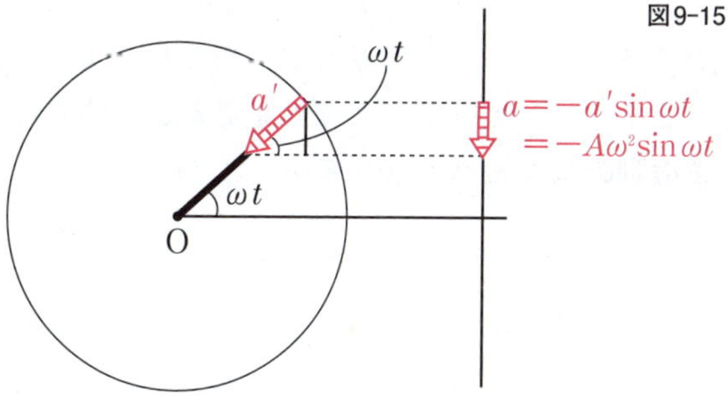

そうすると図9-15から明らかなように，等速円運動の加速度a'と単振動の加速度aとの関係は，

$$a = -a' \sin \omega t$$

となります。よって，けっきょく単振動の加速度の式は，

$$a = -A\omega^2 \sin \omega t$$

となります。

この式も丸暗記するようなものではありませんが，この結果はたいへん重要なことを示していることに注目しておきましょう。

いま，位置の式（位置xと時刻tの関係）と加速度の式（加速度aと時刻tの関係）を，もう一度，並べて書いてみます。

$$x = A \sin \omega t$$

$$a = -A\omega^2 \sin \omega t$$

この2式を比べると，右辺に$A \sin \omega t$の共通項がありますね。そこで，xとaは次のような関係であることがわかります。

$$a = -\omega^2 x \quad \cdots\cdots ①$$

この式は，とても重要です。覚えておいてよいでしょう。

なぜ重要かと言えば，ここでようやくTheme 1でやったフックの法則と，Theme 2の単振動の式の関係が明らかになるからです。

フックの法則に従う物体の運動方程式は，次のようでした。

$$ma = -kx \quad \cdots\cdots ②$$

式①，②から，次のことがいえます。

$$\omega^2 = \frac{k}{m}$$

左辺のωは単振動している物体の**角振動数**です（円運動に戻したときの角速度のことです）。そして，右辺はばね定数kのばねに質量mの物体がつながれているときのkとmです。**ばね定数kと物体の質量mが決まると，自動的に単振動の角振動数が決まる**のですね。

Step 4 単振動の周期の公式を導く

単振動の問題で，必ずといってよいほど問われるのが，**単振動の周期**です。これは，周期の公式として丸暗記しておいてよいのですが，なぜそのような公式が成立するかを知っておくことは，単振動を理解するうえでとても有益です。

すでにStep 3で答えは出ています。

単振動の加速度の式とフックの法則から，

$$\omega^2 = \frac{k}{m} \quad \cdots\cdots③$$

が導かれました。

ωは角振動数，すなわち，影の運動としての単振動を，もとの等速円運動に戻したときの角速度のことです。

角速度は，単位時間あたりに回転する角度のことです。一方，周期Tとは1回転する時間，あるいは1往復する時間です。1回転すると角度は2πラジアンになりますから，

$$\omega T = 2\pi$$

の関係があるはずです。あるいは，

$$T = \frac{2\pi}{\omega}$$

この周期Tと角速度ωの関係は，周期運動でしばしば出てきますので，頭に入れておきましょう。わからなくなったら，**ωは1秒で回転する角度，Tは1回転する時間**として，導きましょう。

さて，式③より，

$$\omega = \sqrt{\frac{k}{m}}$$

ですから，

$$T = 2\pi\sqrt{\frac{m}{k}}$$

これが，単振動の周期の公式です。

この公式は暗記しておいて損はありません。しかし，忘れても慌てず以上に示した方法で求めてください。

mとk，どっちが分子でどっちが分母か忘れてしまったときには，次のようにイメージすればよいでしょう。

kが大きいということは硬いばねということでしたね。硬いばねだと振動は速いでしょう。つまり周期は短くなります。**k大ならT小**，つまりkは分母だとわかります。

次におもりの質量mが大きいと，ばねはゆっくり振動するでしょう。つまりTは長くなります。**m大ならT大**，つまりmは分子だとわかります。

まとめ―12

単振動の周期の公式

$$\boldsymbol{T}=2\pi\sqrt{\frac{\boldsymbol{m}}{\boldsymbol{k}}}$$

Theme 3

これだけで80点とれる単振動の解法

Theme 2までで，単振動の基本事項を学びました。一通り読んでみて，なかなか奥が深いと思われたのではないでしょうか。基本はやさしい，応用は難しい，と思いがちですが，実は逆なのです。ですから，基本が理解できれば，あとはやさしいということになります。

ここからは，単振動の問題をどう解くかという話になります。第2講で覚えた「**力学解法ワンパターン**」を思い出してください。単振動の解法も，この解法ワンパターンと同じで，手順がほぼ決まっています。単振動の問題で完璧に100点をとろうと思えば，Theme 2まででお話しした事柄を深く理解していなければなりませんが，これから紹介する解法を手順通りやれば，標準的な入試問題でほぼ80点は確実にとれるのです。

Theme 2までで単振動は難しいと感じた人も，まずはこの解法を覚えて，実際の問題に適用してみてください。単振動って意外に簡単だなと思われること間違いありません。

Step 1 質量mとばね定数kを確認せよ

例として，ばねを天井から鉛直方向に吊るして，下に小さなおもりをつけて，鉛直方向に振動させるという場合を考えてみます。

これまでお話ししてきた単振動と違う点は，おもりにはばねの力以外に重力が働いていることです。つまりおもりの運動方程式を立てるときに，ばねの力以外に重力も考慮しなければなりませんね。少し複雑になる感じがします。

図9-16

確かにこの問題を真っ正面から解こうとすると，重力を無視することはできません。しかし，ここで紹介する「これだけで80点とれる単振動の解法」では，そのような心配は無用なのです。重力があろうとなかろうと，**まったく同じ手順で問題を解くこ**

とができるのです。

その理由については，最後に少し触れることにして，まずは手順をしっかり覚えてください。

まず，**【手順 1 ▶▶】**振動する物体の質量mとばね定数kを確認します。

そんなことはあたりまえだろうと軽く見ないでください。振動する物体の質量，ばねのばね定数，この2つは単振動の特徴を決めるきわめて重要な量なのです。すでにTheme 2のStep 4で見ましたが，単振動の周期もこの2つで決まってしまうのです。

たとえば振動する物体が2つに分裂したりして，途中で質量が変わることもときにあります。

あるいは，少し難しい問題ですが，ばねの両端に質量がMとmの物体がつながれて振動するということもあります。このときどう解くのか，というのは本講の話だけでは簡単にはいきません。

図9-17

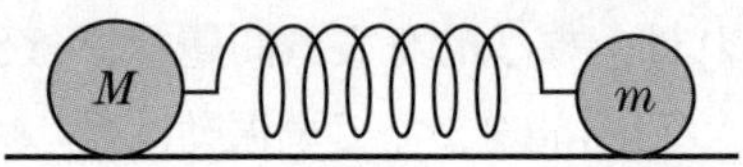

次にばね定数ですが，これも1本のばねがありそのばね定数がkと与えられていれば問題はありませんが，ばねが2本，つながれていたりすると，いったいばね定数はいくらにすればよいのか，戸惑ってしまいますね。

図9-18

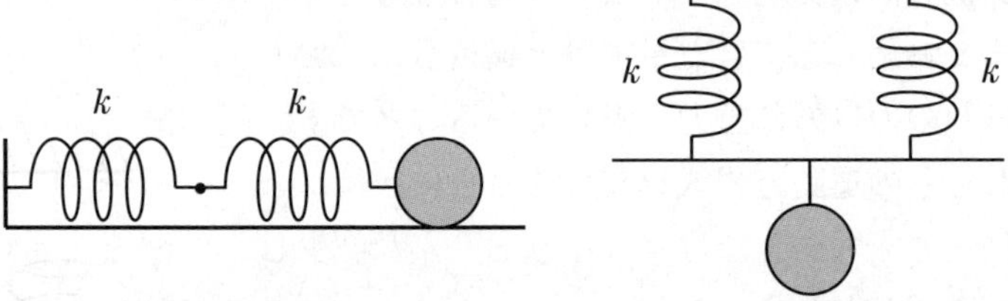

これについては，問題演習❸で扱います。

そんなわけで，振動する物体の質量mとばねのばね定数k，これらを軽視することなくまず確認してください。

Step 2 振動の中心を求めよ

単振動には，かならず**振動の中心**があります。振動の中心をOとして，その両側に同じ距離だけ変位します。この変位の長さを**振幅**と言います。振幅は，Theme 2でお話しした円運動の針の長さAと同じ長さですね。

図9-19

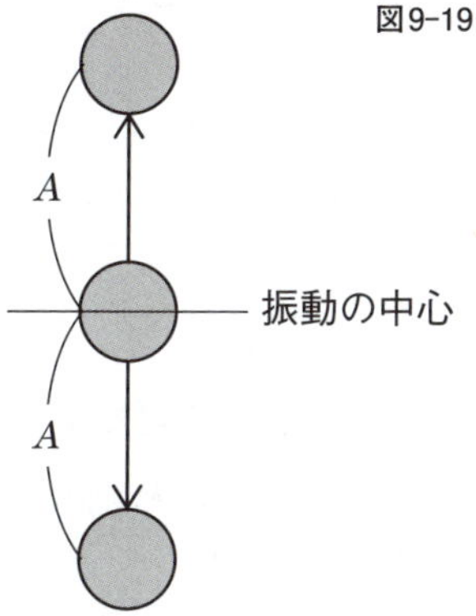

振動の中心Oは，単振動のいわばかなめですから，この点を曖昧にしたままで問題が解けるわけがありません。

そこで，【**手順2**▶▶】振動の中心を求めます。

なめらかな水平面上の単振動では，物体に働く力はばねの力以外ありませんでした。このとき，振動の中心は明らかにばねが自然長のときの物体の位置です。

それでは，重力などほかの外力があるときには，振動の中心はどこになるのでしょうか。

答えは，**物体に働く力がつりあう点**です。

力がつりあっているということは，その物体に働く力の合計が0ということですから，ばねだけの力の場合の自然長の位置に相当するわけですね。

図9-20

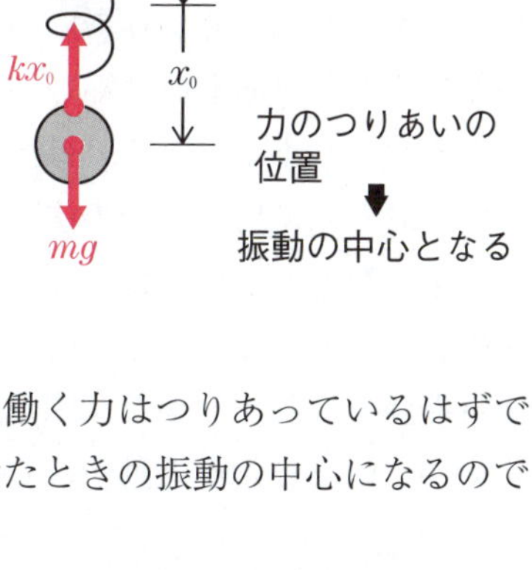

例で考えてみましょう。ばね定数kのばねの上端を天井に固定し，下端に質量mの小さなおもりをつり下げ，おもりを単振動させるのではなく，手で支えながらそっと動かして，静止させます。このときばねは自然長よりは少し伸びているでしょう。

おもりは静止していますから，おもりに働く力はつりあっているはずですね。この点こそが，おもりを単振動させたときの振動の中心になるのです。

ばねの自然長をl_0として，おもりがつりあいの位置にいるときのばねの長さはいくらか調べてみます。

ばねの自然長からの伸びをx_0とし，重力加速度の大きさをgとしておきます。

おもりに働く力は，鉛直下向きに重力mg，《タッチ》しているばねからのフックの法則に従う力が，鉛直上向きにkx_0です。これ以外におもりに働く力はありませんから，力のつりあいの式は，

$$kx_0 = mg$$

となります。問題によって，与えられた物理量と未知の物理量は異なりますが，たとえばk，m，gが与えられた量で，x_0が未知だとすれば，上式より，

$$x_0 = \frac{mg}{k}$$

と求まります。つまり，このあと，おもりを単振動させたとき，ばねの長さが$l_0 + x_0\left(= l_0 + \dfrac{mg}{k}\right)$の場所が振動の中心になるということです。

振動の中心を座標軸の原点Oにとると，振動の様子は座標軸に対して対称的になるので，とても便利です。

Step 3 振動の「折り返し点」を求めよ

おもりがつりあいの位置で静止したままでは，単振動になりません。単振動を起こすには，おもりを持ってつりあいの位置からばねが伸びる方向（あるいは縮む方向）に動かして手をはなします。あるいは，つりあいの位置で，おもりに何らかの方法で鉛直上向きか下向きに初速度を与えてやっても，おもりは振動をはじめるでしょう。

図9-21

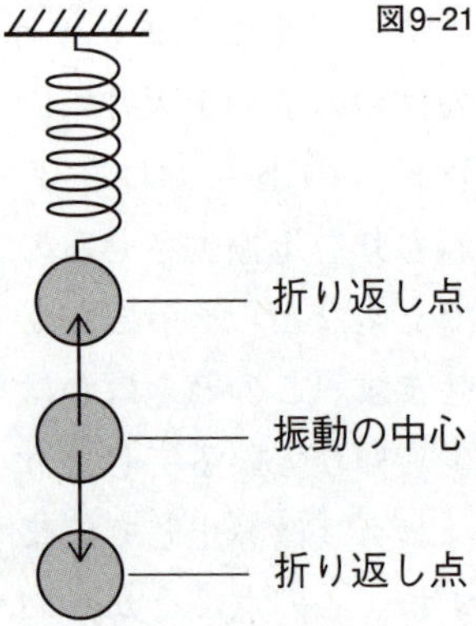

単振動のはじまりかたは問題によって違いますが，いったん単振動がはじまると，おも

りは原点Oを中心として，その両側に対称的にある振幅で振動をします。

振動の中心Oから両側に振幅をとると，その端が折り返し点です。

そこで，次の手順は，**【手順3▶▶】単振動の折り返し点を求める**ことです。振動の中心Oと折り返し点が求まれば，単振動の振幅ももちろんわかることになります。

問題によっては，折り返し点がすぐにはわからないものもあります。しかし，問題文を読むだけで折り返し点がすぐにわかることがしばしばあります。

たとえば，「おもりを手で持って，ばねを自然長からaだけ伸ばして，そっと手をはなす」というような表現です。この「**そっと手をはなす**」という文言がポイントです。そっと手をはなすとその瞬間，おもりは一瞬，静止しているはずですね。そして，単振動で振動する物体が一瞬静止する点は，振動の中心から離れていって折り返す点以外にはありえません。

ですから，**「そっと手をはなす」というような問題文に会ったら，ここが折り返し点**とすぐにぴんとくるようにしておきましょう。

Step 4 力学的エネルギー保存則を適用せよ

振動の中心と折り返し点がわかれば，その単振動の様子はほとんどすべてわかったようなものです。

単振動の問題で，もっともよく出題される設問は，「振動するおもりの最大の速さはいくらか」，あるいは「おもりが振動の中心を通る瞬間の速さはいくらか」というものです。この2つの問いは，同じことを聞いています。なぜなら，単振動する物体は，**振動の中心を通過する瞬間がもっとも速く**，中心から離れるにしたがって遅くなり，**折り返し点で一瞬速さが0になる**からです。

図9-22

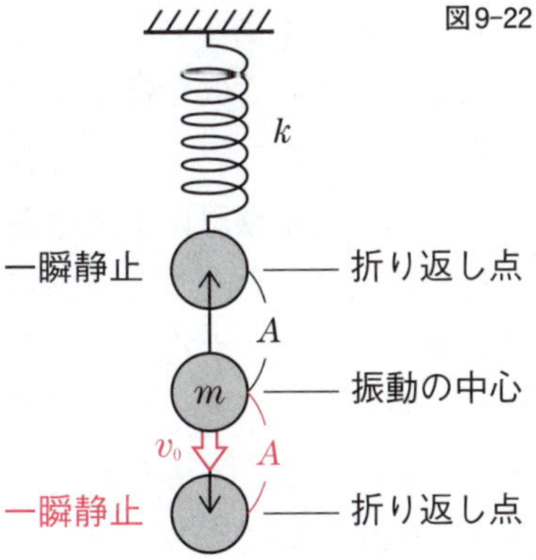

おもりの速さを求めるには，Theme

2 Step 2で見た速度の式を使ってもできます。

しかし，一番簡単な求めかたは，**力学的エネルギー保存則**を使うことです。摩擦力などがない限り，単振動する物体の力学的エネルギーは保存するので，力学的エネルギー保存則は単振動においてもっとも有用な解法なのです。よって，**【手順4▶▶】**力学的エネルギー保存則を適用します。

とくに，振動の中心を通過する瞬間と，折り返し点にいる瞬間の力学的エネルギーが等しい，という式を立てて解くのが頻出問題です。

振動の中心を通過する瞬間のおもりの速さをv_0とおき，振幅をAとして，振動の中心と折り返し点における力学的エネルギー保存則を書けば，

$$\frac{1}{2}mv_0^2 = \frac{1}{2}kA^2$$

となります。

左辺が振動の中心を通過する瞬間の全力学的エネルギーです。運動エネルギーだけがあって，ばねの弾性エネルギーは0です。

それに対して右辺は，折り返し点での全力学的エネルギーです。おもりは一瞬静止しているので運動エネルギーは0で，ばねの弾性エネルギーは振動の中心からの変位の大きさが振幅Aなので，表記のようになります。

このように説明すると，物理をよく勉強している人ほど，おかしいなと思われるでしょう。

もし，ばねがなめらかな水平面に置かれていれば，上の式は正しいけれど，例にあげたのは鉛直方向の振動だから，重力の位置エネルギーも考えないといけないのではないか――という指摘ですね。

もっともな指摘なのですが，実は上の式は，鉛直方向の単振動でも正しいのです。鉛直方向だけでなく，斜面上の単振動でも成立します。

もう少し正確に言うと，**ばねの力以外におもりに働く力が一定である限り，すべての単振動に上式は適用できる**のです。

その理由は，力がつりあう点（振動の中心）で，**ばねの力と重力が打ち消しあって**，あたかもその点がばねの自然長であるような，**重力がない単振動と同じ形**になるからです。もう少し詳しく言えば，重力の位置エネルギーも考慮して，その代わり，ばねの弾性エネルギーはばねの自然長を基準として式を立ててみると，けっきょく同じ式になることがわかります。

このように，たとえ重力があっても，まるでないかのようにして解くことができる。これが「これだけで80点とれる単振動の解法」の最大の利点です。

大いに活用してください。

v_0を問う問題の場合は，ふつうkとmが与えられていて，折り返し点もわかるようになっているので，力学的エネルギー保存の式をv_0について解けばよいのです。

$$v_0 = A\sqrt{\frac{k}{m}}$$

このv_0は，Theme 2 Step 2の速度の式からも求めることができます。つまり，

$$v_0 = A\omega$$

です。

逆に，折り返し点が問題文からはわからないときは，問題文にv_0に相当するものが与えられているはずです。たとえば「つりあいの位置で，初速度v_0を与えた」など。その場合，今度は力学的エネルギー保存則の式をAについて解いてやればよいのです。

$$A = v_0\sqrt{\frac{m}{k}}$$

Step 5 時間はすべて周期の公式から

最後に，単振動では周期を問う問題，あるいは何らかの時間を求める問題がよく出題されます。それに答えるためには，**周期の公式**を覚えておくのが一番簡単です。**【手順5 ▶▶】**周期の公式を適用します。

Theme 2 Step 4で導きましたが，もう一度，書いておきましょう。

$$T = 2\pi\sqrt{\frac{m}{k}}$$

橋元流●これだけで80点とれる単振動の解法

【手順1▶▶】ばね定数kと振動する物体の質量mを確認せよ

【手順2▶▶】振動の中心を求めよ

これは，物体に働く力がつりあう点です。

【手順3▶▶】振動の「折り返し点」を求めよ

これは，振動物体の速さが0になる点です。

【手順4▶▶】力学的エネルギー保存則を適用せよ

とくに，**振動の中心と折り返し点に関する保存則**が重要です。

$$\frac{1}{2}mv_0^2 = \frac{1}{2}kA^2$$

【手順5▶▶】周期の公式を適用せよ

$$T = 2\pi\sqrt{\frac{m}{k}}$$

さあ，それでは実際に問題を解いてみましょう。

問題演習

単振動のいろいろなパターンの問題を解く！

1 水平とθの角をなすなめらかな斜面の最下点Aにばねの一端を固定し，ばねを斜面の最大傾斜線に沿って置く。ばねの自然長はl_0，ばね定数はkである。ばねの上端に質量mの小球を結び，ばねが自然長の長さの位置（点B）からそっと手をはなすと小球は斜面の最大傾斜線に沿って単振動をはじめた。重力加速度の大きさをgとして，以下の設問に答えよ。

図9-23

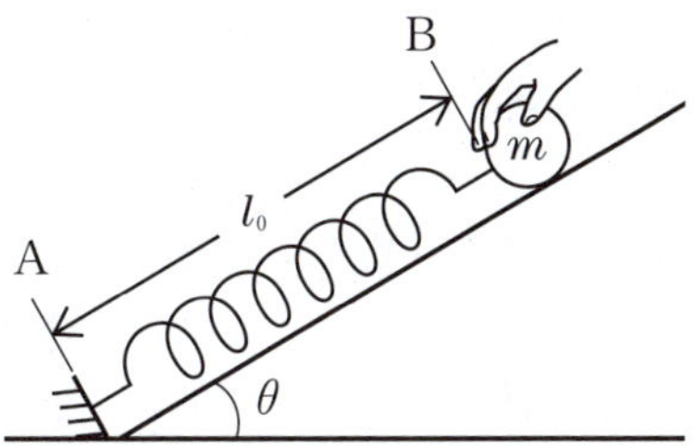

(1)　この単振動の中心の位置は，点Aから測っていくらか。

(2)　この単振動において，ばねがもっとも縮む瞬間のばねの長さはいくらか。

(3)　この単振動で小球が得る最大の速さはいくらか。

(4)　小球をはなしてから，再び小球がその位置まで最初に戻ってくるのに要する時間はいくらか。

橋元流で解く！

解法の手順通りに解いていきます。

(1)　**【手順1▶▶】**ばね定数kと振動する小球の質量mは，そのまま与えられています。次に**【手順2▶▶】**振動の中心を求めましょう。

振動の中心は，小球に働く力がつりあう点です。手をはなして小球を自由に動けるようにしたとき，小球に働く力は，①重力mg，②《タッチ》しているばねからの力，③《タッチ》している斜面からの垂直抗力，の3つです。

図9-24

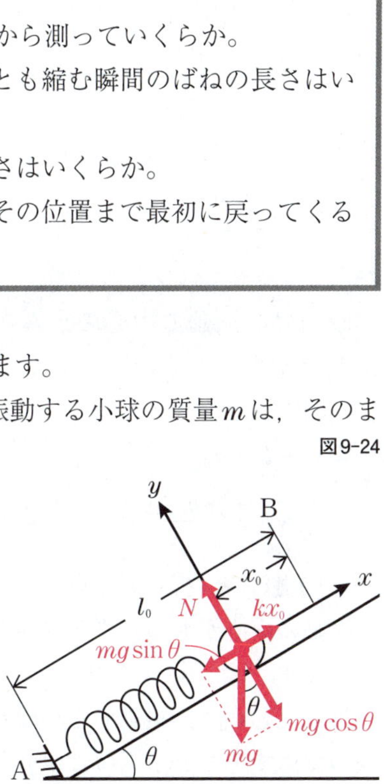

いま小球を振動の中心の位置に置いて静止させると，その位置では小球に働く力はつりあっていますから，小球は静止したままの状態です。この点を原点Oとし，斜面に沿って上向きにx軸，斜面に垂直にy軸をとります。

重力mgは鉛直下向きですから，それをx軸方向とy軸方向に分解します。

小球に働くx軸方向の力のつりあいを考えると，重力は負方向ですから，それとばねの力がつりあうためには，**ばねからの力はx軸方向上向きでなければなりません**。実際自然長の状態で小球をつなぐとばねは縮むはずですから，縮んだばねは伸びようとして斜面上向きに力を及ぼすはずです。

自然長からつりあいの位置までの縮みをx_0とすると，このとき小球がばねから受ける力の大きさはフックの法則により，kx_0となります。

そこで，図9-24からわかるように，小球がつりあいの位置にいるときの力のつりあいは，

$$kx_0 = mg\sin\theta$$

となり，

$$x_0 = \frac{mg\sin\theta}{k}$$

が求まります。

図9-25

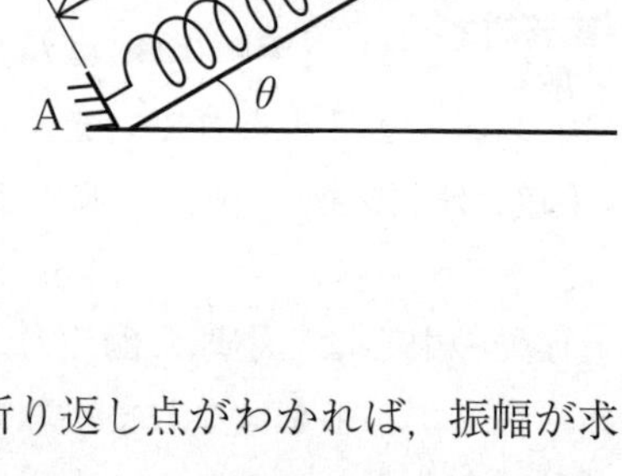

設問は，振動の中心の点Aからの距離ですから，その距離をX_0とすれば，図9-25より，

$$X_0 = l_0 - x_0$$

$$= l_0 - \frac{mg\sin\theta}{k} \quad \cdots\cdots \text{答え}$$

(2) **【手順3▶▶】**折り返し点を求めよ。

振動の中心がわかりましたから，次に折り返し点がわかれば，振幅が求まります。

折り返し点は，振動する小球が一瞬，静止する点です。問題文に「自然長の位置でそっと手をはなす」とありますから，そっと手をはなす＝一瞬静止，ということで，**自然長の位置（点B）が折り返し点である**ことがわ

かります。その後，小球は重力によって斜面の下方向に動きますから，この折り返し点はばねが一番伸びたときの折り返し点です。

そうすると，この単振動の振幅は，点Oと点Bの距離になりますから，設問(1)で求めたx_0であることがわかります。

図9-26

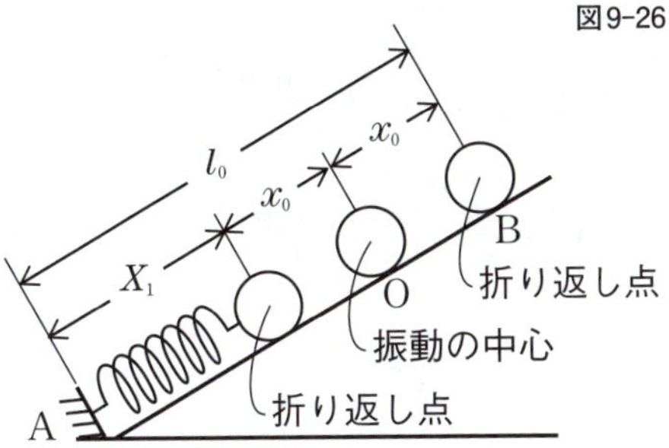

単振動のもう1つの折り返し点は，振動の中心をはさんで反対側に振幅x_0の位置ですから，その位置はばねの自然長の位置から$2x_0$下であることがわかります。

ばねがもっとも縮む位置とは，まさにこの下の折り返し点ですから，点Aからの距離をX_1とすれば，

$$X_1 = l_0 - 2x_0$$

$$= l_0 - \frac{2mg\sin\theta}{k} \quad \cdots\cdots \text{答え}$$

(3)　**【手順4▶▶】**力学的エネルギー保存則を適用せよ，に従って，振動の中心Oを基準点におき，点Oと点Bにおける力学的エネルギーが等しいという式を立てます。このとき，本文でも述べたように，**振動の中心をあたかもばねの自然長の位置のように考え**，**重力の位置エネルギーは無視**します。

点Oを通過する瞬間の小球の速さをVとおきます。単振動で振動する物体がもっとも速く動く位置は振動の中心ですから，このVが求めるものです。

点Oでの力学的エネルギーは，運動エネルギー$\frac{1}{2}mV^2$だけ，点Bでの力学的エネルギーは，運動エネルギーが0でばねの弾性エネルギー$\frac{1}{2}kx_0{}^2$だけですから，力学的エネルギー保存則より，

図9-27

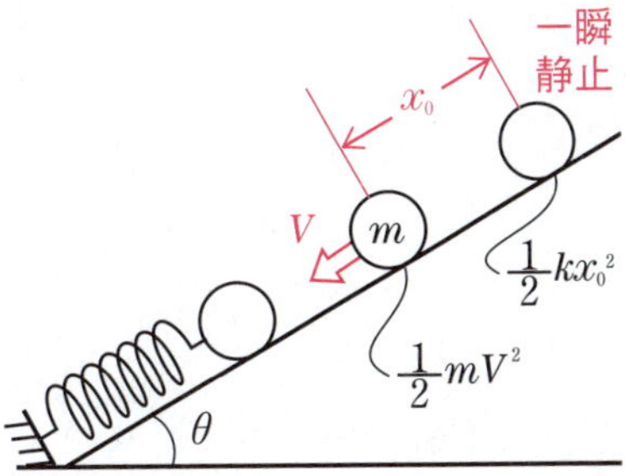

$$\frac{1}{2}mV^2 = \frac{1}{2}kx_0{}^2$$

となり，これをVについて解いて，

$$V^2 = \frac{k{x_0}^2}{m}$$

(1)より，$x_0 = \dfrac{mg\sin\theta}{k}$ を代入して，

$$V^2 = \frac{k}{m}\cdot\left(\frac{mg\sin\theta}{k}\right)^2$$

$$V^2 = \frac{mg^2\sin^2\theta}{k}$$

$$V = g\sqrt{\frac{m}{k}}\sin\theta$$ …… 答え

(4)　**【手順5▸▸】**周期の公式を使う。

単振動で時間が問われる問題は，ほとんどすべて周期の公式を適用できるものばかりです。

この問題では，小球を持っている手をはなす位置は折り返し点で，そこから小球は斜面を下って，下の折り返し点まで行って，再び上って，もとに戻るわけですから，ちょうど1往復，1周期の運動をしたことになります。ですから，求める時間は周期Tそのものということになります。

図9-28

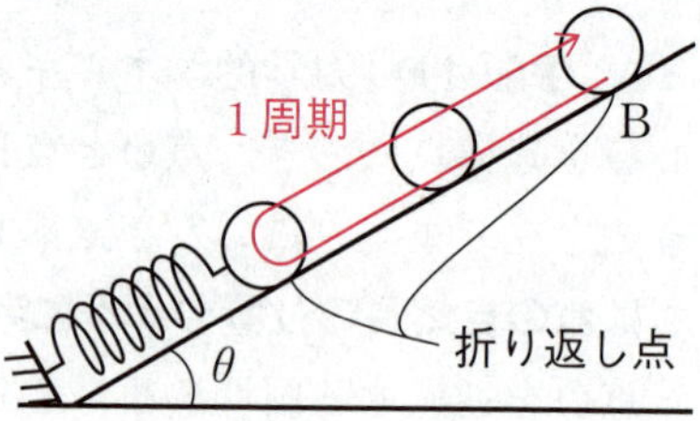

$$T = 2\pi\sqrt{\frac{m}{k}}$$ …… 答え

2

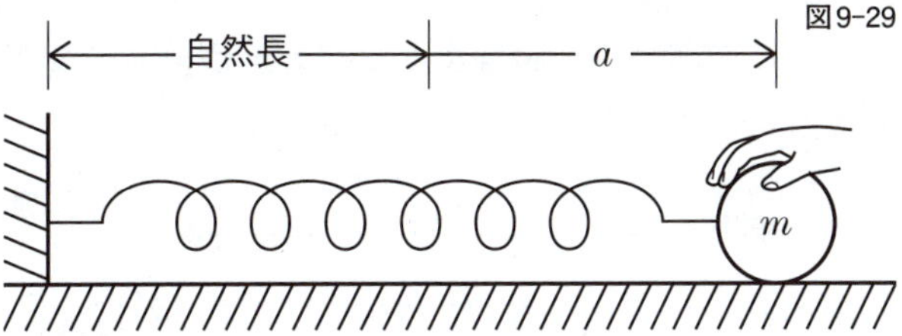

粗くて水平な床面上に，ばね定数kのばねが，一端を壁に固定して置かれている。ばねの他端に質量mの小物体をつなぎ，ばねを自然長からaだけ引き伸ばして，静かに手をはなしたところ，小物体ははばねに引かれて床面上をすべり，ある地点で一瞬静止したのち，再び逆向きに動きはじめた。

はじめから一瞬静止するまでの間に小物体が動いた距離はいくらか。また，その間に要した時間はいくらか。

ただし，重力加速度の大きさをg，小物体と床面との間の動摩擦係数をμとする。

橋元流で解く！

準備　この問題では，小物体に床からの動摩擦力が働きますから，力学的エネルギー保存則は使えないはずです。にもかかわらず，小物体が動きはじめてから次に静止するまでの間に起こることは，摩擦のないふつうの単振動と同じなのです。

なぜそのようなことが起こるのかといえば，この小物体に働く床面からの動摩擦力fの大きさは，床からの垂直抗力をNとして，

$$f = \mu N = \mu mg$$

で一定だからです。たとえば，$\mu = 1$だとすると，この摩擦力は重力mgと同じ大きさですから，**重力のもとでの鉛直方向の単振動とまったく同じ**になります。

不思議なように見えますが，謎の種を明かせば，一瞬静止した小物体が向きを変えて動きはじめたとき，小物体に働く動摩擦力は大きさこそμmgで同じですが，その向きは逆向き（左向き）になります。ですから，最初の単振動とは別の単振動に変わっているわけです（振動の中心が移動しま

す)。

　ということで，この問題は**一瞬静止から次の一瞬静止までを，ふつうの単振動と考えて**解けばよいのです。 END

図9-30

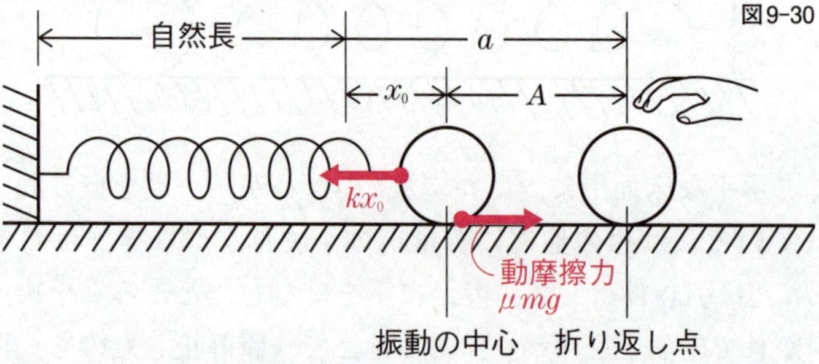

【**手順1**▶▶】ばね定数kと小物体の質量mの確認は，問題ありません。

【**手順2**▶▶】振動の中心を求めよ。

　振動の中心は力がつりあう点です。小物体に働く力のうち水平方向だけを考えると，ばねの力と床面からの動摩擦力です。

　小物体が図9-30の右から左へ動く間，動摩擦力は右向きに働き，その大きさfは，

$$f = \mu N = \mu mg \text{（一定）}$$

です。

　そこで，振動の中心の位置をばねの自然長からx_0の位置とすると，その点で小物体がばねから受ける力の大きさは，kx_0ですから，力のつりあいの式は，

$$kx_0 = \mu mg$$

よって，

$$x_0 = \frac{\mu mg}{k}$$

と求まります。

【**手順3**▶▶】折り返し点を求めよ。

　右側の折り返し点は，問題文より小物体を持っていた手をそっとはなす点ですから，自然長からaの位置です。

　そこで，この単振動の振幅をAとすると，

$$A = a - x_0 = a - \frac{\mu mg}{k}$$

となります。

図9-31

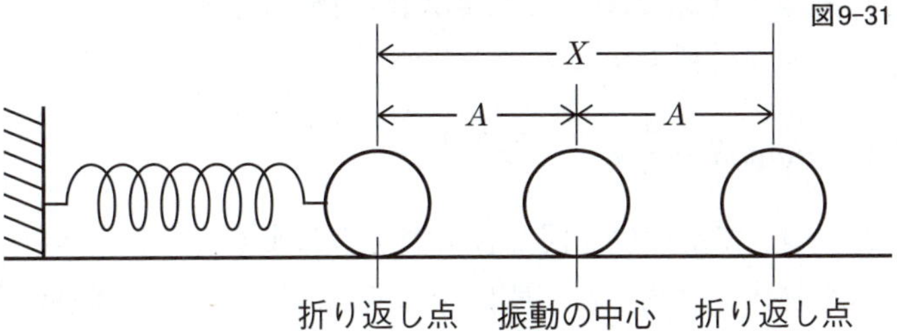

小物体が次に一瞬静止する点は，左側の折り返し点です。つまり，はじめの位置から次に一瞬静止するまでの距離は**振幅Aの2倍**であることがわかります。

よって，求める距離Xは，

$$X = 2A = 2\left(a - \frac{\mu mg}{k}\right) \cdots\cdots$$ 答え

この間に要した時間は，折り返し点からもう一方の折り返し点まで動く時間ですから，周期の$\frac{1}{2}$のはずです。よって，求める時間をtとすれば，

$$t = \frac{1}{2}T = \pi\sqrt{\frac{m}{k}} \cdots\cdots$$ 答え

別解

小物体が動いた距離Xは，仕事とエネルギーの関係からも求めることができます。

図9-32

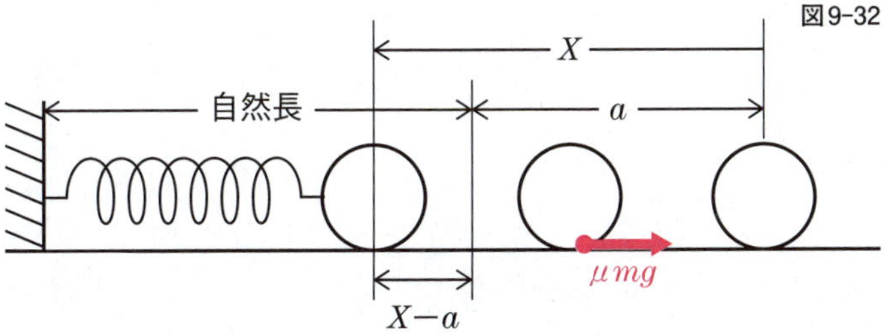

両方の折り返し点では小物体の速さは0ですから，ばねの弾性エネルギーだけを考えればよいですね。

動摩擦力のする仕事は負で，その大きさは$\mu mg \cdot X$です。

そこで，仕事とエネルギーの関係式は，図9-32の両方の折り返し点の自然長からの伸び，縮みを考えて，

$$\frac{1}{2}ka^2 - \mu mg \cdot X = \frac{1}{2}k(X-a)^2$$

これをXについて解けば，同じ答えが得られます。

ただし，小物体が移動した時間については，周期の公式以外から求めることはできません。

3

図9-33

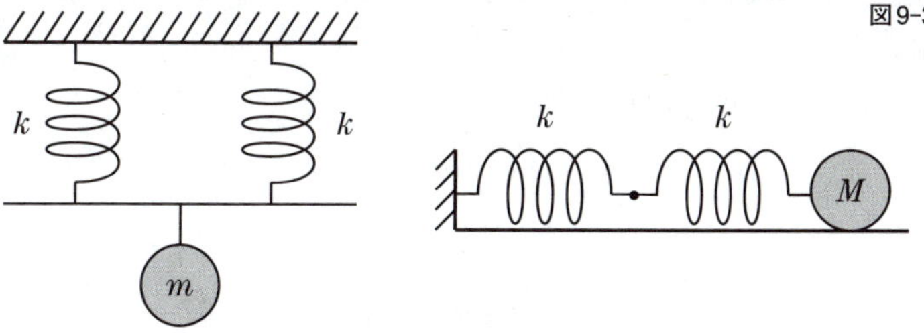

(a)　　　　　　(b)

ばね定数kのばねに質量mのおもりをつないで単振動させたところ，その周期はTであった。

次に同じばねを2本，図(a)のように並列につなぎ，それらに質量mのおもりをつないで振動させた。

(1)　このときの単振動の周期をTを用いて表せ。

次に同じばねを2本，図(b)のように直列につなぎ，それに質量Mのおもりをつないで振動させたところ，図(a)の場合の周期と同じであった。

(2)　おもりの質量Mをmを用いて表せ。

橋元流で解く！

(1)　材質や構造が同じばねでも，長さが違ったりすると，ばね定数は変わってきます。

問題図(a)のようにばねを2本並列につなぐと，明らかにばねは硬くなりますね。**並列の場合は，それぞれのばね定数を足しあわせたものが**，あたかも1本のばねとみなしたときのばね定数になります。

図9-34

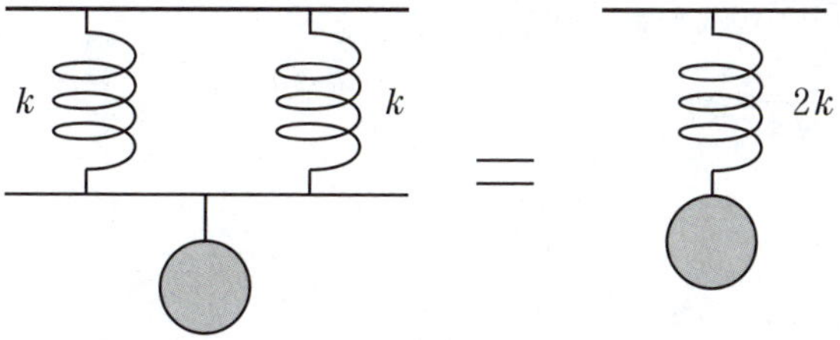

問題図(a)の場合，ばね定数が$k + k = 2k$のばねにつながれていると考えればよいのです。

そこで，この単振動の周期をT_1とすると，

$$T_1 = 2\pi\sqrt{\frac{m}{2k}} = \frac{1}{\sqrt{2}}\cdot 2\pi\sqrt{\frac{m}{k}}$$

$$= \frac{1}{\sqrt{2}}\,T = \frac{\sqrt{2}}{2}\,T \ \cdots\cdots \ \text{答え}$$

(2)　問題図(b)の場合，ばねの長さが2倍になっています。その分，ばねは柔らかくなるでしょう。簡単に言えば，ある力を加えてばねを伸ばしたとき，**それぞれのばねの伸びは1本の場合に比べて$\frac{1}{2}$になりますから，**

図9-35

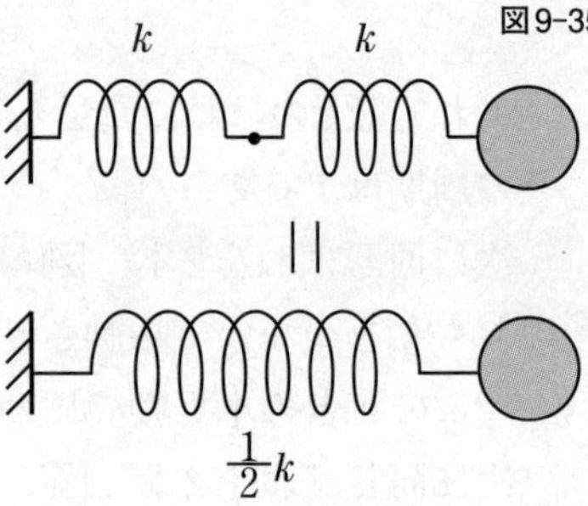

$$F = kx$$

ではなく，

$$F = k\cdot\frac{1}{2}\,x$$

と書けます。これは，1本のばねとみなしたときのばね定数をKとして，

$$F = Kx$$

と比べれば，

$$K = \frac{1}{2}\,k$$

とみなせるわけです。そこで，問題図(b)の場合の周期T_2は，

$$T_2 = 2\pi\sqrt{\frac{M}{K}} = 2\sqrt{2}\,\pi\sqrt{\frac{M}{k}}$$

T_1とT_2が等しいということで，

$$2\pi\sqrt{\frac{m}{2k}} = 2\sqrt{2}\,\pi\sqrt{\frac{M}{k}}$$

よって，

$$M = \frac{1}{4}\,m \ \cdots\cdots \ \text{答え}$$

第10講

剛体の力学

Theme 1
力のモーメントとは何か

Theme 2
重心とは何か

Theme 3
剛体の問題の解きかた

問題演習
剛体の問題を解く！

講義のねらい

これまで扱ってきた「質点」と「剛体」は何が違う？
剛体の力学の最重要ポイントである，力のモーメントを理解しよう！

Theme 1

力のモーメントとは何か

第9講までで扱ってきた物体は，とくに断らなくても質点（質量だけがあって大きさのない物体）とみなしてきました。しかし，我々の周りにある物体は，どんなものでも大きさがありますね。ですから，物体の運動を考えるときには，**物体がどんな形をしていて，どんな大きさか**ということも，本当は必要なわけです。

大きさがあって固く，変形しない物体を**剛体**と呼びます。ちなみに，ゼリーは力を加えるとすぐに変形するので，剛体ではありません。弾性体です。水ももちろん剛体ではありません。水は流体と呼びます。弾性体や流体の力学は，高校物理の範囲外です。

Step 1 質点と剛体の違い

質点と剛体はどこが違うかを考えてみます。

図10-1のように水平な床の上に質量mの物体が静止しているとしましょう。このとき，物体に働く力は重力mgと床からの垂直抗力Nで，この2つの力はつりあっています。図では，物体を直方体として描いていますが，これは質点でもかまいません。この図を見る限り，質点であるか剛体であるかは，どちらでも同じように見えます。

図10-1

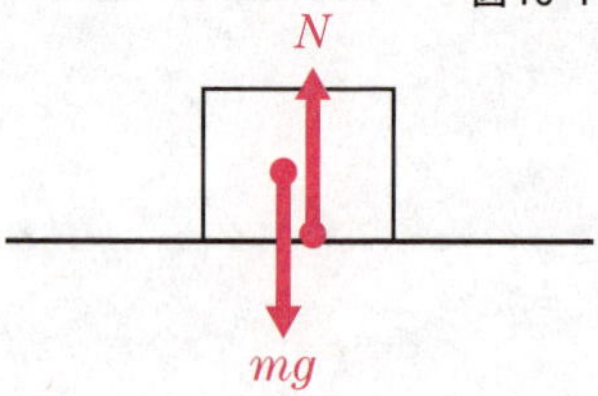

図10-2(a)　図10-2(b)　図10-2(c)

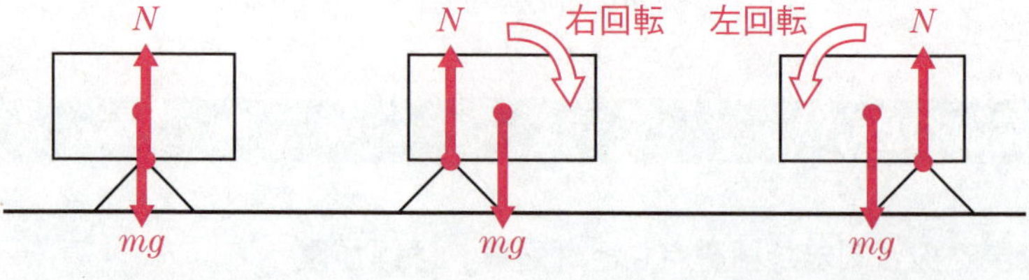

しかし，図10-2のように尖った三角錐の頂点に物体が乗っている場合を想定してみましょう。尖った点の上に乗った物体は不安定ですが，もし

質点であれば，理屈のうえからは重力mgと垂直抗力Nがつりあって静止させることができますね。

ところが，剛体の場合には，**三角錐の頂点に剛体のどの部分を乗せるか**によって，その後，違ったことが起こります。

まず，直方体が完全に均一な物質でできていて，図10-2(a)のようにそのちょうど真ん中を三角錐の頂点に乗せると，もちろん現実にはそういう状態はなかなか作れませんが，理屈のうえからは，重力mgと垂直抗力Nがつりあって静止させることができます。

しかし，直方体を乗せる位置が少しずれると，仮に重力mgと垂直抗力の大きさNが等しくても，図10-2(b)のように右側に傾いたり，図10-2(c)のように左側に傾いたりします。つまり，**力のつりあいだけでは物体は静止するとは限らない**わけです。

図で右側に傾く，左側に傾くと書きましたが，言いかえると三角錐の頂点を中心にして**回転する**ということですね。質点と剛体の違いは，大きさのある剛体には**回転**という現象がともなうということです。この回転について学ぶことが，剛体の力学の目的といってもよいでしょう。

ただし，高校物理の範囲では，剛体が実際に回転する運動まではやりません。回転せずに静止しているという場合だけを扱います。質点の運動でいえば，力がつりあって静止している状態ですね。

Step 2 力のモーメントとは回転力である

剛体を回転させようとする力を表す物理量を，**力のモーメント**と呼びます。剛体の力学においてもっとも重要な考えかたです。

図10-3(a)

図10-3(b)

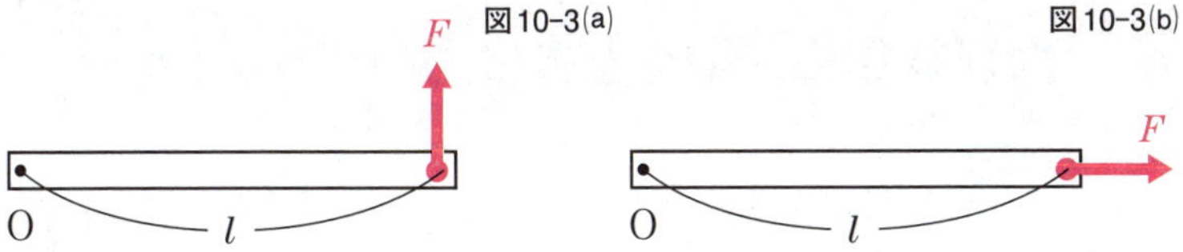

力のモーメントは，いわば**回転力**です。図を見てください。長さlの棒（剛体です）の一端Oを棒が回転できるようにして固定します。そして棒

の他端に大きさFの力を加えます。

図10-3(a)では力は棒に垂直な方向に加え，図10-3(b)では力は棒と平行な方向に加えます。同じ大きさFの力ですが，図10-3(a)の場合，棒は回転しますが，図10-3(b)では棒は回転しませんね。このことから棒に対して**垂直な力は回転に効く**けれど，棒に対して**平行な力は回転に効かない**ことがわかります。

さらに，図10-3(a)の回転に効く力について考えると，力が大きければ大きいほど回転に寄与することは明らかですね。

また，よく知っている**てこの原理**から，**棒の長さが長いほど回転に効く**こともわかるでしょう。

そこで，棒に垂直な力の大きさをF，棒の長さをlとして，このとき力のモーメントの大きさNは，

$$N = F \times l$$

とします。

もう少し正確に書くと「**力Fの点Oに関する力のモーメント**」と呼びます。つまり，力のモーメントについて述べるときには，**どの点に関する回転を考えているのか**をはっきりさせなければいけないのです。

力のモーメントの大きさについては，力の大きさ×棒の長さ（うでの長さと呼びます）でよいのですが，同じモーメントでも回転させようとする方向が右回転か左回転かの違いがありますね。このように**力のモーメントには向きがある**ということは忘れないでください。高校物理では平面上の回転しか扱いませんので，力のモーメントの方向は，右回転，左回転の2つとしておいてかまいません。

Step 3　力がななめに働くときの力のモーメント

Step 2では，棒に垂直な力と平行な力を考えましたが，もちろん力が棒に対してななめに働く場合もありますね。

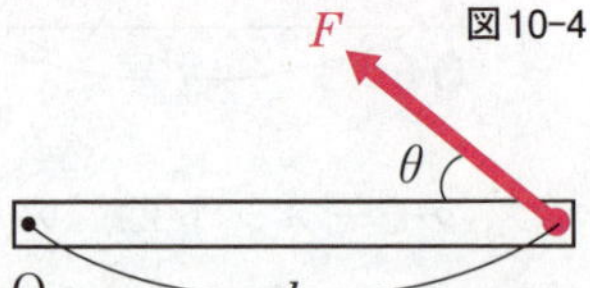

図10-4

図10-4のように，棒に対してθの角をなす

方向に大きさFの力が働いている場合の力のモーメントを考えてみましょう。

図10-5

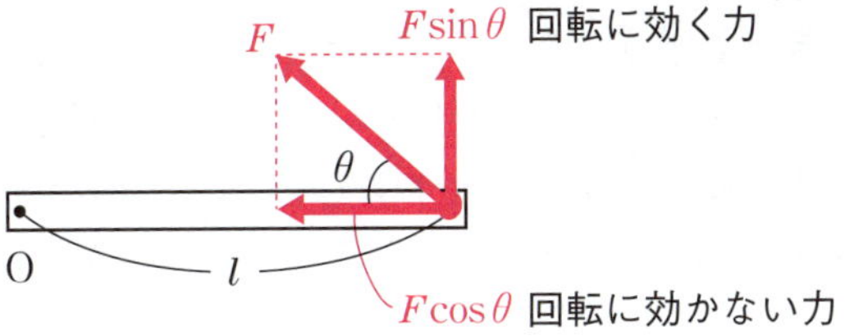

このようなときは，力を分解すればよいのです。図10-5からわかるように，棒に平行な方向の成分は$F\cos\theta$，棒に垂直な方向の成分は$F\sin\theta$です。こうすれば，2つの成分のうち，どちらが回転に効いて，どちらが回転に効かないかは明らかですね。

$F\sin\theta$が回転に効く力で，$F\cos\theta$は回転に効かない力です。ですから，この場合，力Fの点Oに関するモーメントの大きさNは，

$$N = F\sin\theta \times l = F \times l\sin\theta$$

となります。

これを，その意味を知らないまま，丸暗記してはいけません。

sinかcosかは，角θをどこにとるかによって変わります。ですから，いつでも回転に効く力，効かない力と図の上で分解して，sinかcosかを判断するようにしましょう。

これまで棒を例にして説明してきましたが，棒だけが剛体ではありません。さまざまな形状の剛体があるわけですから，これからは少し一般的な表現に慣れましょう。

まず回転の中心O（Oを通って紙面に垂直な線が回転軸になります）を**支点**と呼び，力が働く点Aを**作用点**と呼びます。また力のベクトルを両方向に延ばした線を**作用線**と呼びます。

図10-6

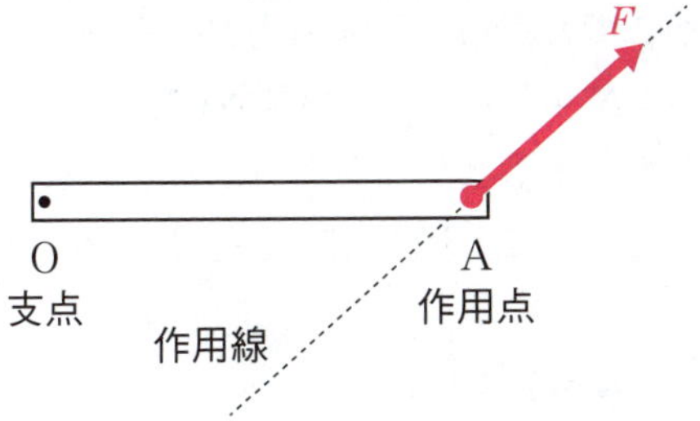

力のモーメントを直感的に理解するには，これまで説明したよう

に，力を回転に効く力と効かない力に分解する方法が一番わかりやすいと思います。

しかし，力のモーメントを別の方法で決めることもできるので，その方法を紹介しておきましょう。もちろん，どちらの方法で求めても答えは同じなので，わざわざ2つ覚える必要はないのですが，問題によっては次に紹介する方法の方が解きやすいことがあります。ですから，考えかたは知っておいた方が得ですね。

図10-7(a)

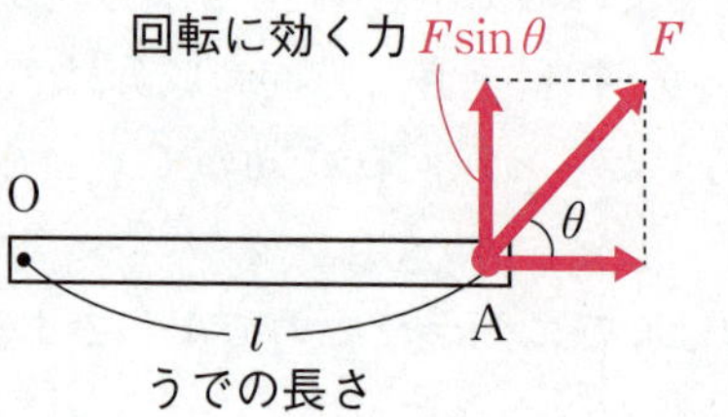

図10-7(b)

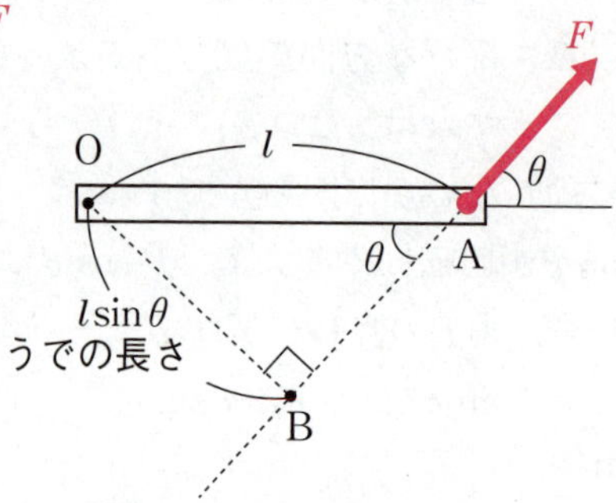

支点O，力の作用点Aはこれまでと同じで，OAの長さはl，力の大きさはFとし，力の向きとOAのなす角をθとしておきます。

これまでは図10-7(a)のように，力を2つに分解しましたが，図10-7(b)を見てください。力の作用線をまっすぐ延ばします。そうして，支点Oから作用線に垂線を下ろし，その交点を点Bとします。そうすると，**線分OBは力の向きに対して垂直**になっていますから，線分OBをうでの長さとみれば，力Fは分解しなくてもそのまま回転に効く力になっていますね。そこで，点Oに関する力Fのモーメントの大きさNは，

$$N = 力F \times うでの長さOB$$

と考えてもよいでしょう。

ところで，図10-7(b)からわかるように，線分OBの長さは$l \sin\theta$ですから，

$$N = F \times l \sin\theta$$

となって，同じ結果が得られます。

力のモーメントについて知っておくべきことは，大体これくらいです。

1つだけ補足しておきますと，ここでは点Oを通る線を回転軸としましたが，実際には点Oに回転軸などなくてもよいのです。支点は自由に選べます。実は剛体の外に選んでもよいのです。紙面上のあらゆる点O_1，O_2，O_3，……に関して，力Fのモーメントが計算できるのです。

問題を解くときには，支点をどこに選ぶかが重要になってきます。できるだけ**問題を解きやすい支点を選ぶ**ことが，問題を簡単に解くコツになるわけですね。これについては，Theme 3で説明しますので，問題演習で練習してみてください。

Theme 2

重心とは何か

剛体の力学の最重要ポイントは，力のモーメントを理解することですが，もう1つだけ知っておくべきことがあります。それは剛体（あるいは複数の剛体）の**重心**という考えかたです。

Step 1 重心とは何か

重心は中心と似ていますが，少し違います。均一な材質でできた球を考えると，その球の中心が重心です。しかし，球ではなくもっといびつな形をした物体の場合，その中心とは何かよくわかりませんね。重心は，重力の中心という意味合いですが，それは一言で言えば**大きさのある剛体をあたかも質点とみなしたとき，その質点のある位置を重心と呼ぶ**のです（質量中心という呼びかたもあります）。

図10-8

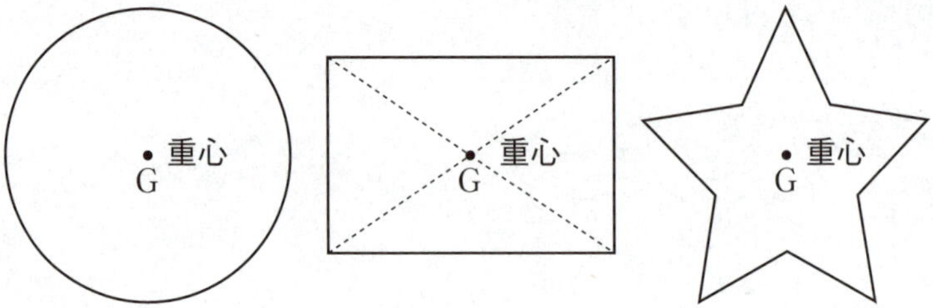

均一な材質でできていて，球対称や左右対称など対称的な形をした物体の重心はすぐわかります。つまり，中心がどこかすぐにわかるような物体では，重心はその中心です。しかし，そうではない物体の場合はどう考えればよいのでしょうか。

図10-9

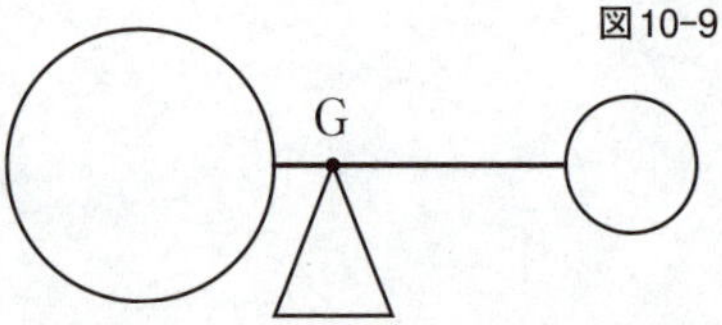

重心Gで支えるとつりあう

剛体をある1点で支えたとき，剛体が**回転せずに静止するような位置**が，その剛体の重心です。回転せずに静止

するということは，**力のモーメントがつりあっている**ということですから，重心の一番わかりやすい見つけかたは，

「剛体のそれぞれの部分の重力のモーメントがつりあう点」

ということになります。

それでは次に，具体的に剛体の重心を求める方法を調べてみましょう。

Step 2 重心の求めかた

まず，質量がそれぞれMとmの2つの（均一な材質でできた）剛体球AとBが，軽くて質量の無視できる剛体棒Cでつながっていて，剛体AとBの中心（それぞれの重心）の間の距離がLの場合，これらの剛体全体の重心を求めてみましょう。

図10-10

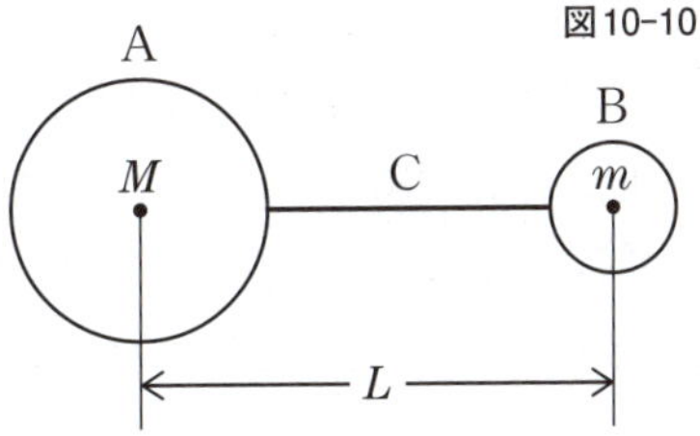

剛体棒Cは質量が無視できますから，この棒はたんに剛体球AとBを距離Lで固定する役目をしているに過ぎず，重心の計算では無視してかまいません。

剛体AとBの質量がともにmで等しければ，剛体全体の重心はAの中心OとBの中心O′を結んだ線分の中点にあることは明らかですね。対称的だから，その中点の位置が重心となるわけです（図10-11）。

図10-11

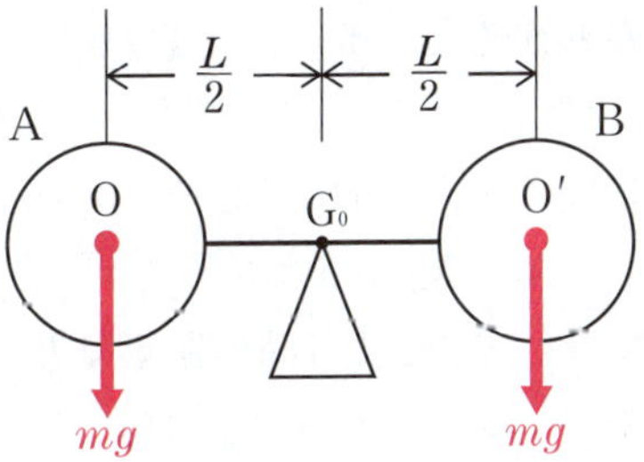

この場合の重力のモーメントを念のため計算してみることにします。

OO′の中点（すなわち剛体全体の重心）をG_0とし，点G_0を支点として力のモーメントを計算します。

まず，剛体Aに働く重力は大きさmgで鉛直下向きです。

そこで，剛体Aに働く重力のモーメントの大きさをN_1とすると，OG_0の距離は$\frac{L}{2}$ですから，

$$N_1 = mg \times \frac{L}{2} = \frac{mgL}{2}$$

その向きは，左回転方向です。

同様にして，剛体Bに働く重力の大きさは同じくmg，鉛直下向きです。そして，O′G_0間の距離も同じく$\frac{L}{2}$ですから，剛体Bに働く重力のモーメントの大きさをN_2とすれば，

$$N_2 = mg \times \frac{L}{2} = \frac{mgL}{2}$$

となり，N_1と同じです。また，その向きは右回転方向ですから，N_1とN_2はつりあうことになります。

以上の説明は，ごくあたりまえのことのように見えますが，剛体AとBの質量がMとmで違う場合の重心の求めかたを示してくれています。

それでは，その場合の重心を求めてみましょう。

図10-12

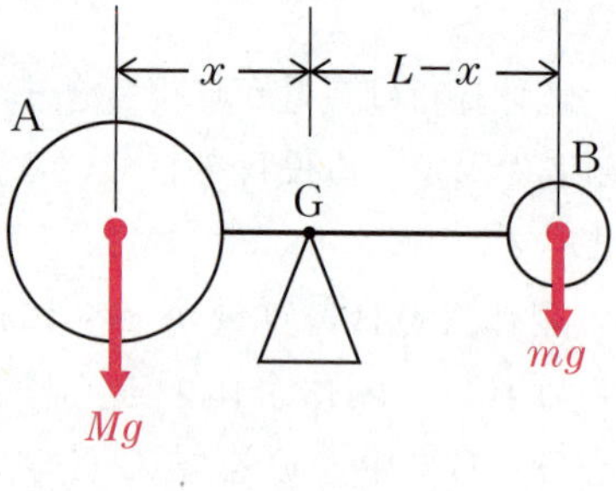

全体の重心が剛体Aと剛体Bを結ぶ長さLの線分上（剛体棒Cのどこか）にあることは，明らかです。そこで，全体の重心の位置をGとし，剛体Aの中心から重心Gまでの距離をxとします。このxが求まれば，重心の位置がわかるということですね。

まず，点Gを支点として，剛体Aに働く重力Mgによるモーメントを求めると，その大きさN_3は，

$$N_3 = Mg \times x$$

です。また，BG間の距離は$L - x$ですから，剛体Bに働く重力mgによるモーメントの大きさN_4は，

$$N_4 = mg \times (L - x)$$

この2つの力のモーメントがつりあっているはずですから，

$$N_3 = N_4$$

として，

$$Mgx = mg(L - x)$$

これをxで解けば，

$$x = \frac{m}{M+m}L$$

と求まります。

$y = L - x$とすると，

$$y = \frac{M}{M+m}L$$

となるので，

$$\frac{x}{y} = \frac{m}{M}$$

とも書けます。

つまり，2物体の重心は，**2物体間の距離を質量と逆比例するようにとった点**ということですね（図10-13）。これは，重力のモーメントがつりあうということから，すぐにわかることです。

図10-13

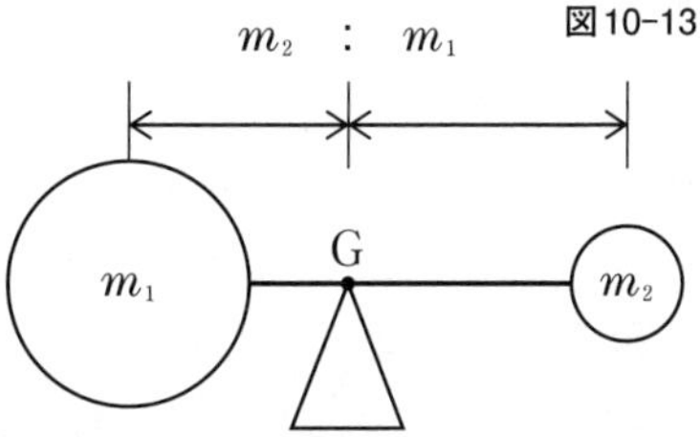

剛体の個数が増えてきても，2つの剛体全体の重心の出しかたがわかっているので，それをどんどん積み重ねていけば，どんなにたくさんの剛体があっても，**全体の重心を求めることができます**（もちろん，時間がかかるのは仕方ありません）。

また，どんな変な形をしている剛体でも，それを分割していけば，必ず対称的な形の集合体にすることができるでしょうから，上に述べた2物体の剛体の重心の出しかたを知っていれば，原理的には**どんな形の剛体の重心も求まる**ということになります。

問題演習でそのような例をやってみましょう。

Theme 3

剛体の問題の解きかた

剛体の力学で必要な知識は，Theme 1とTheme 2でほぼすべてです。

それでは，問題をどう解いていったらよいか，その解法を説明しましょう。

Step 1 剛体が静止するための条件

すでに話しましたが，高校物理の範囲では，剛体が回転運動をするような問題は出題されません。質点の力学で，物体に働く力がつりあって静止している場合を学んだように，剛体にいろいろな力が働いているけれど，剛体は動かないし回転もしない，というような想定で出題されます。

具体的な例を使いながら，説明しましょう。

図10-14

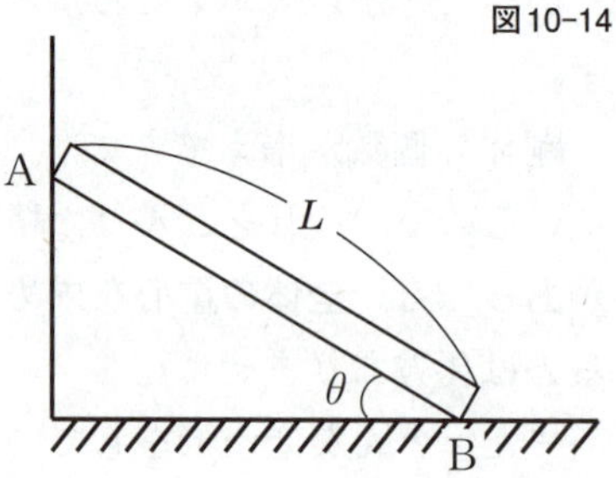

図10-14のように，水平な床と鉛直の壁に接して長さLの剛体棒が置かれています。棒が壁と接している点をA，床と接している点をBとし，棒は床に対してθの角をなしているとします。剛体棒の質量はmで，均一な材質でできていてその重心は棒の中心にあるとみなします。壁はなめらかですが床は粗く，剛体棒との間に摩擦力が働きます。このような状態で，剛体棒はいま静止しているとします。

もし床もなめらかだとすると，経験的にわかると思いますが，剛体棒は静止できません。よく傘を壁にななめに立てかけておくとき，傾斜がゆるやかだとすべってしまう状態を経験したことがあるでしょう。現実にはどんな壁や床にも必ず摩擦がありますが，もし壁も床もなめらかだと，傘をななめに立てかけて静止させることはできないのです（力のモーメントがつりあわないからです）。

さて，この問題で，剛体棒の長さL，質量m，そして重力加速度の大きさgが与えられているとして，剛体棒が壁から受ける垂直抗力，水平な床から受ける垂直抗力および摩擦力，それぞれの大きさを求めてみましょう。

剛体の問題でも，第2講でお話しした力学の解法はほぼそのまま適用できます。

図10-15

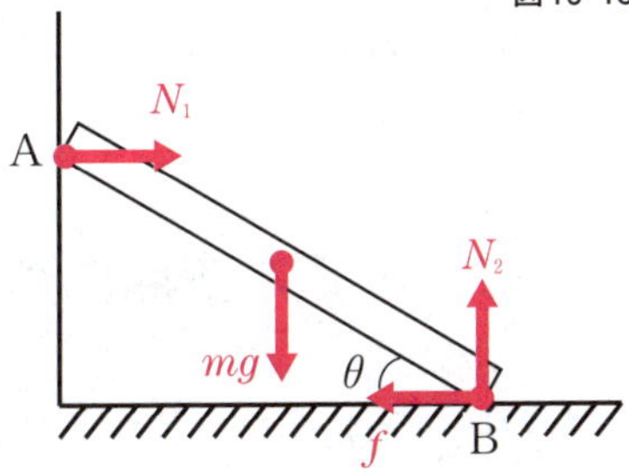

まず**剛体棒に働く力をすべて矢印で描きます**。図10-15のように，重力mgがあります。剛体棒の重心は棒の中心ですから，その位置に鉛直下向きに引きます。次に《タッチ》している壁（点A）と床（点B）から力を受けますが，壁はなめらかなので垂直抗力だけです。その大きさをN_1としておきます。また床からの垂直抗力の大きさをN_2としますが，床からは摩擦力も受けます。もちろん静止摩擦力ですね。向きはどちらでしょうか。もし摩擦がなければ，棒は右の方にすべることは明らかでしょう。ですから，静止摩擦力の向きは左向きです。その大きさをfとしておきます。

剛体は質点と違って拡がりがあるので，1つの座標軸を決めてしまうのは得策ではありません。力の分解などはそのつど必要に応じておこないます。

さて，ここからが剛体の問題の解きかたの最大のポイントです。

すでに述べたように高校物理では，剛体が静止している場合しか扱いません。そこで，剛体が静止しているときに成り立つ条件ですが，これには大きく分けて2つあります。

①剛体に働くすべての力がつりあっていること。

これは，質点の場合とまったく同様です。

しかし，剛体の場合は力のつりあいだけでは，静止するとは限らないことは本講の冒頭で述べました。力がつりあっていても，回転することがあるわけですね。そこで，

②任意の点を支点として，剛体に働くすべての力のモーメントがつりあっていること。

剛体を回転させる力は，力のモーメントでした。ですから，**力のモーメントがつりあっていれば，回転は起こらない**のは当然です。

さて，そのまえに書かれた「任意の点を支点として」について説明しましょう。

Step 2 どこを支点に選ぶのがよいか

力のモーメントを計算するには，どこを支点（回転軸）にとるかを決めなければなりません。それがなぜ「任意」，つまり「どこでもよい」のか，不思議ですね。

それでは，ほとんどすべての点に関しては力のモーメントはつりあっているが，ある1点Pでつりあっていないという場合を考えてみましょう。このとき剛体は静止するかというと，点Pに関する力のモーメントがつりあっていないのですから，点Pを中心にして回転するはずですね。1点でもつりあっていない点があると，物体は回転してしまいます。

つまり剛体を静止させておくためには，あらゆる点で力のモーメントがつりあっていなければならないのです。問題文に剛体が静止しているとあれば，どの点を支点に選んでも力のモーメントのつりあいは成立しているはずですから，**どの点を支点に選んでもよい**のです。

ところで，求める未知数はN_1，N_2，fの3つですから，方程式が3つあれば問題を解くことができます。水平方向と鉛直方向の力のつりあいの式がありますから，**問題を解くために必要な力のモーメントのつりあいの式は，1つで十分**です。①の力のつりあいの式（これはふつう水平方向，鉛直方向の2つです）と，②の力のモーメントの式（1つ）を連立方程式として解けば，たいていの剛体の問題は解けてしまいます。

それでは例題にそれを適用してみましょう。

まず力のつりあいですが，力はどれも水平方向と鉛直方向ですから，図10-16より，

力のつりあいの式,

水平方向：$N_1 = f$ ……①

鉛直方向：$N_2 = mg$ ……②

図10-16

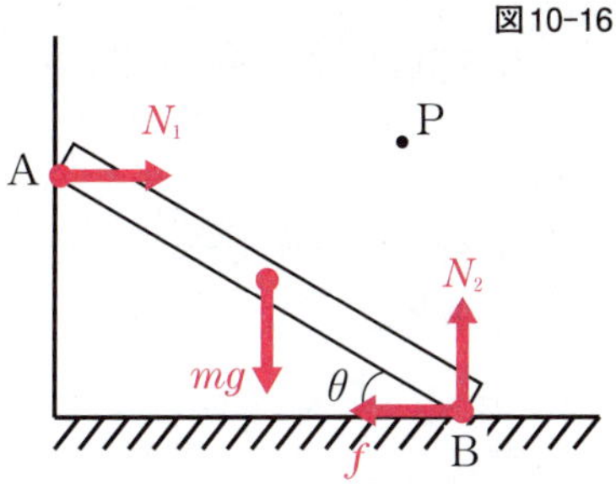

そして，力のモーメントの式ですが，**支点をどこに選ぶか**がポイントです。もちろん，任意の点でいいので，どこでもいいのです。しかし，たとえば図10-16の点Pのようなまるでそっぽを向いたような点を選べば，式を立てるのがたいへんなことは明らかですね。つまり，どこでもいいのだけれど，**簡単に式を立てられる点**が，解きかたとしては一番よいに決まっていますね。

考えられるのは，図10-16の点Aあるいは点Bです。では，点Aと点Bのどちらがよいでしょうか。さほどの違いはありませんが，おすすめするのは点Bです。なぜなら，点Bを支点に選ぶと，N_2とfの2つの力のモーメントは（うでの長さが0になるので）0になります。ですから，N_1とmgの2つの力のモーメントのつりあいだけでよくなるわけです。もし点Aを支点に選ぶと，N_2，f，mgの3つの力のモーメントのつりあいになってしまいますね。

もちろん，日頃の勉強では，いろいろな点を選んで式を立てて，答えが同じになることを確かめるとよいでしょう。

図10-17

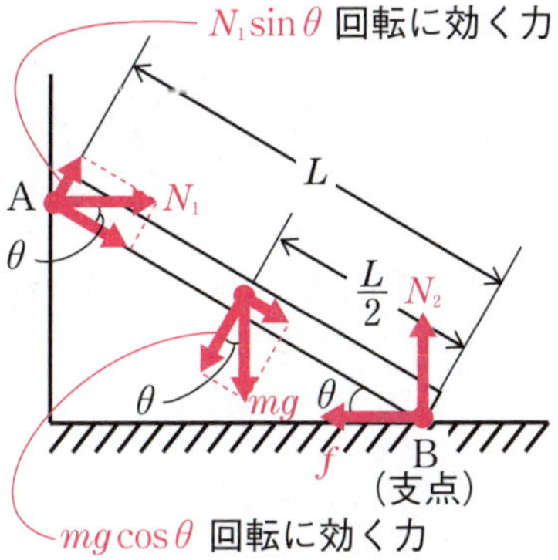

それでは点Bを支点として，力N_1のモーメントを求めます。このとき，うでABに対して力N_1はななめですから，**回転に効く力**と**効かない力**に分解します。図10-17からわかるように，回転に効く力の成分は，$N_1 \sin\theta$です。

同様にして，重力mgの回転に効く成分は$mg\cos\theta$です。

うでの長さは，N_1はL，mgは$\frac{1}{2}L$ですから，けっきょく点Bに関する力のモーメントのつりあいの式は，

$$N_1 \sin\theta \times L = mg\cos\theta \times \frac{L}{2}$$

すなわち,

$$N_1 \sin\theta = \frac{mg\cos\theta}{2} \quad \cdots\cdots③$$

となります。

こうして式①,②,③が立ち,未知数はN_1,N_2,fの3つですから,問題は解けることになります。

式③より,

$$N_1 = \frac{mg}{2\tan\theta} \quad \cdots\cdots \text{答え}$$

式②より,

$$N_2 = mg \quad \cdots\cdots \text{答え}$$

式①より,

$$f = N_1 = \frac{mg}{2\tan\theta} \quad \cdots\cdots \text{答え}$$

この問題はもちろん基本的で剛体の問題としてはやさしいものですが,どんなに難しそうに見える問題でも,解きかたはすべて同じなのです。いろいろな問題に挑戦してみてください。

問題演習

剛体の問題を解く！

1 1辺の長さ$2a$の材質，厚さが均一な正方形の板ABCDがある。この板の中心をO，辺ABの中点をE，辺BCの中点をFとし，図のように正方形EBFOの部分を切り取った。残された6角形の板AEOFCDの重心を求めよ。

図10-18

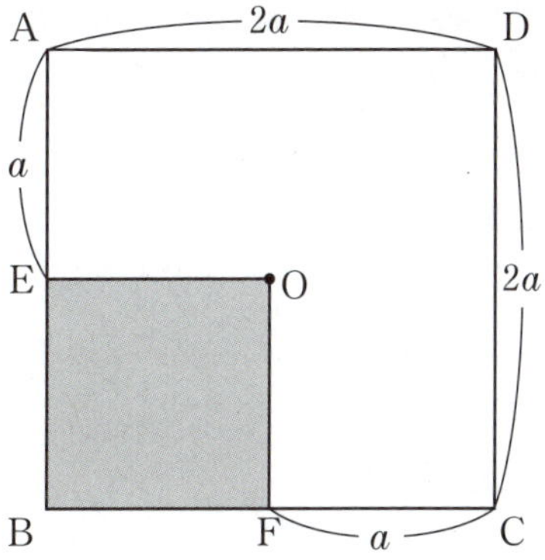

橋元流で解く！

まず，**対称性**から重心は線分OD上のどこかにあることがわかります。切り取るまえの正方形の重心は点Oですから，正方形EBFOを切り取った分だけ重心は点OからDの方向へずれるはずです。

次に**重心がすぐわかる形になるように図形を分割します**。

図10-19

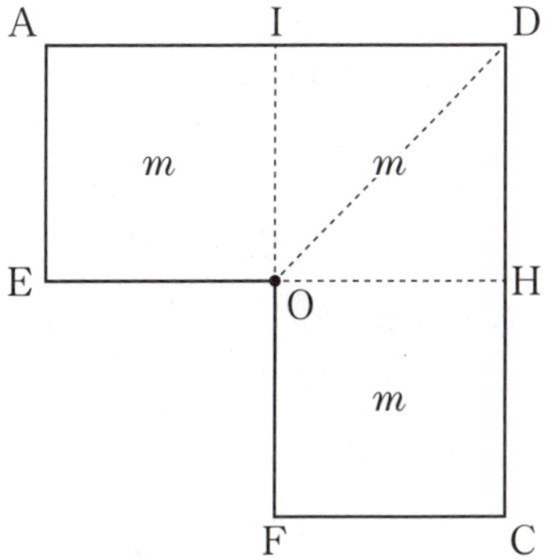

CDの中点をH，DAの中点をIとし，全体を3つの正方形AEOI，IOHD，OFCHに分けてみると，それぞれの正方形の重心はその中心であることがわかりますね（いちいち記号を書くのがめんどうなので，この3つの正方形を角の記号A，C，Dだけで表すことにします）。

3つの正方形A，C，Dの質量を，それぞれmとしておきます。

まず正方形AとC全体の重心を求めましょう。それは対称性から簡単に点Oであることがわかりますね。つまり点Oに質量$2m$の質点があるとみなせばよいわけです。

また正方形Dの重心は，線分ODの中点です（これを点Jとします)。正方形Dの質量はmですから，点Oに$2m$の質点，点Jにmの質点があり，この全体の重心を求めればよいことになります。

そこで求める重心をGとすると，重心Gは，線分OJを1：2に内分する点であることがわかります。

$$\mathrm{OD} = \sqrt{2}\,a$$

ですから，

$$\mathrm{OJ} = \frac{\sqrt{2}}{2}\,a$$

よって，

$$\mathrm{OG} = \frac{1}{3}\,\mathrm{OJ} = \frac{\sqrt{2}}{6}\,a$$

線分OD上のOから$\frac{\sqrt{2}}{6}\,a$離れた点 …… 答え

となります。

図10-20

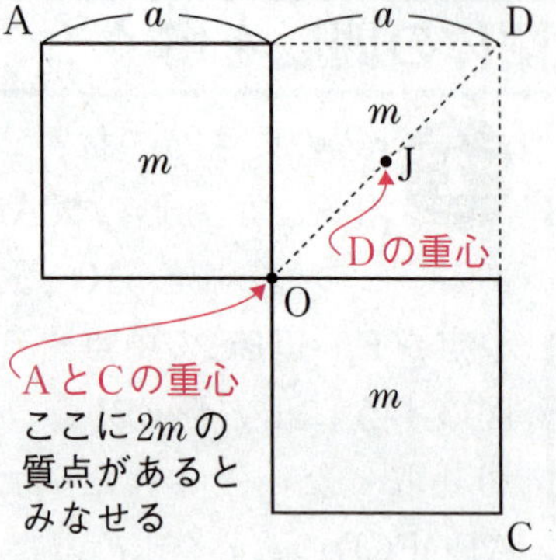

図10-21

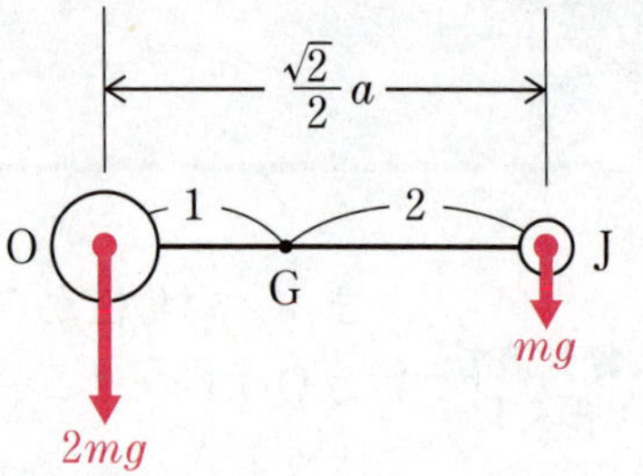

2

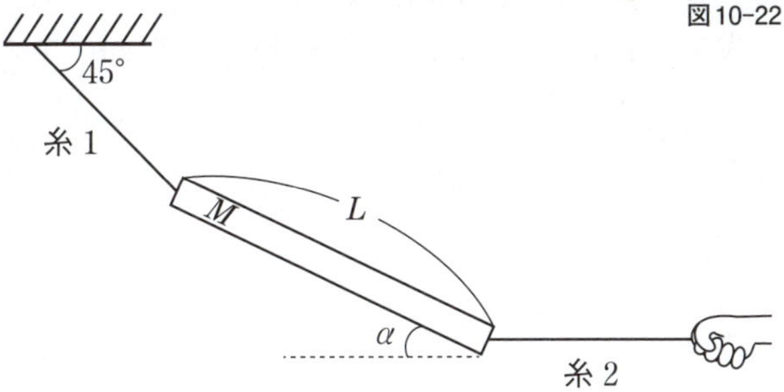

図10-22

図のように質量がM，長さLの一様な剛体棒の両端に糸1と糸2を結び，糸1の他端は天井に固定し，糸2の他端は糸が水平になるように手で支えた。このとき糸1が天井から45°の角度をなして，剛体棒は静止した。重力加速度の大きさをgとし，糸1，2は軽くて伸び縮みしないものとする。

剛体棒が水平となす角をαとしたとき，$\tan\alpha$の値を求めよ。

橋元流で解く！

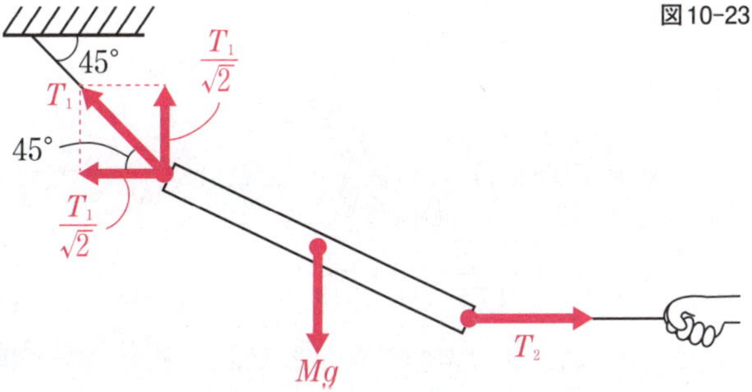

図10-23

剛体棒に働く力を図にすべて書き入れます。

剛体棒の重心は棒の中心ですから，その位置に鉛直下向きに重力Mg。また，剛体棒に《タッチ》しているものは糸1と糸2ですから，糸1からの張力の大きさをT_1，糸2からの張力の大きさをT_2とします。それ以外に剛体棒に働く力はありません。

まず力の**つりあいの式**を2つ書きます。

水平方向と鉛直方向に分けるのがよいでしょう。そうすると，張力T_1

がななめの力になりますから，分解します。

水平方向の成分は$T_1 \cos 45^\circ$，鉛直方向の成分は$T_1 \sin 45^\circ$ですから，その値はどちらも$\dfrac{T_1}{\sqrt{2}}$です。

そこで，力のつりあいの式，

$$\text{水平方向}：\frac{T_1}{\sqrt{2}} = T_2 \quad \cdots\cdots①$$

$$\text{鉛直方向}：\frac{T_1}{\sqrt{2}} = Mg \quad \cdots\cdots②$$

次に**力のモーメントのつりあいの式**を立てます。

どの点をとっても理屈では必ず解けるのですが，支点のとりかた次第で，簡単に解けるか，少しめんどうになるか，変わってくるのです。

しかし慣れないとわからないこともありますので，はじめのうちは勉強のつもりで，いろいろ試してみてください。

図10-24

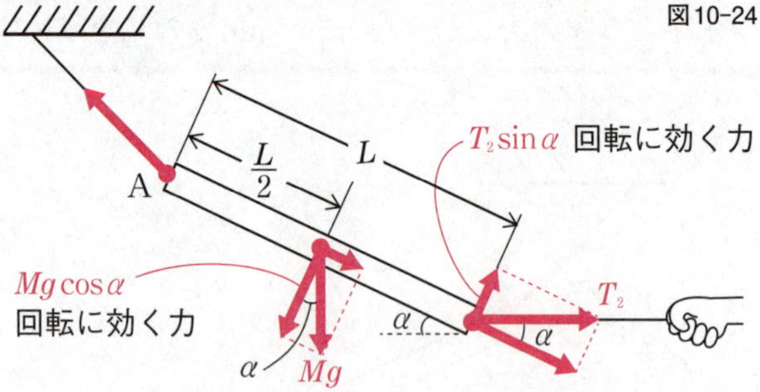

ここでは，糸1が結ばれている剛体棒の端（図の点A）を支点に選んでみます。そうして，重力Mgと糸の張力T_2を剛体棒の**回転に効く力と効かない力に分解**します。

そうすると，回転に効く力は重力の成分が$Mg \cos \alpha$（右回転），張力の成分が$T_2 \sin \alpha$（左回転）であることがわかります。そこで，力のモーメントのつりあいの式は，

$$Mg \cos \alpha \times \frac{L}{2} = T_2 \sin \alpha \times L \quad \cdots\cdots③$$

式③より，

$$\tan\alpha = \frac{\sin\alpha}{\cos\alpha} = \frac{Mg}{2T_2}$$

また式①，②より，

$$T_2 = \frac{T_1}{\sqrt{2}} = Mg$$

以上より，

$$\tan\alpha = \frac{Mg}{2Mg} = \frac{1}{2}$$ …… **答え**

これで力学の分野は終わります。

ここまで橋元流を勉強してこられたキミ，どうぞ物理に自信をもってください。100点満点とはいかないかもしれませんが，キミの物理の実力は飛躍的に伸びているはずです。イメージする，すると物理がわかってくる，するとオモシロイ，ますます勉強しようということで，ぐんぐん力がついてくるのです。

長い間のご清聴，ありがとうございました。

「橋元流」、「まとめ」 CHECK & INDEX

橋元流で勉強してきたキミ，問題を読んでイメージできればもう大丈夫。あいまいな人はもう一度戻って，チェックしよう!!

MEMO

名人の授業
橋元の物理をはじめからていねいに【改訂版】
力学編

2016年3月30日初版発行
2025年7月24日第12版発行

著　者　橋元淳一郎
発行者　永瀬昭幸

編集担当　和久田希
発行所　株式会社ナガセ
東京都武蔵野市吉祥寺南町1-29-2　〒180-0003
出版事業部（東進ブックス）
TEL. 0422-70-7456　FAX. 0422-70-7457
www.toshin.com/books（東進WEB書店）
※本書を含む東進ブックスの最新情報は、東進WEB書店をご覧ください。

カバーデザイン　山口勉
本文デザイン　林久美子
編集協力　相澤和也　日比野圭佑　松下ゆり
本文イラスト　佐藤朋恵
カバーイラスト　新谷圭子
校閲　株式会社群企画
DTP　日経印刷株式会社
印刷・製本　シナノ印刷株式会社

ISBN978-4-89085-680-0 C7342

東進ブックス

この本を読み終えた君にオススメの3冊！

『橋元流』で物理の考え方、問題の解き方を伝授。現象・解法がイメージでわかる物理（電磁気）入門書の決定版！

「有名大合格」のための入試実戦力が身につく問題集。実際に入試に出題された問題を解きながら確実に実力 UP ！

「難関大合格」のための入試実戦力を強化する問題集。難易度の高い良問の演習により確実に応用力 UP ！

体験授業

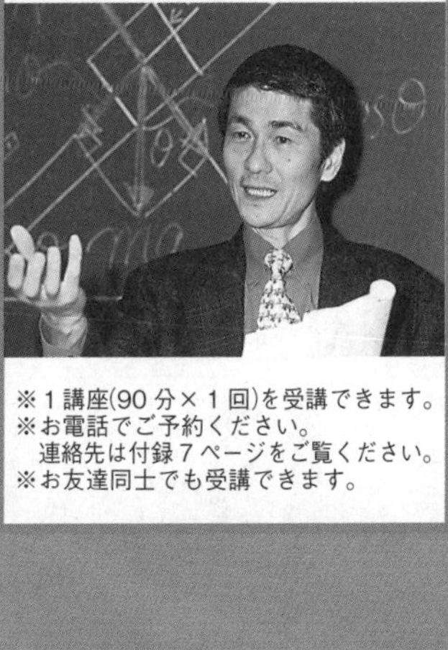

※1講座(90分×1回)を受講できます。
※お電話でご予約ください。
　連絡先は付録7ページをご覧ください。
※お友達同士でも受講できます。

この本を書いた講師の授業を受けてみませんか？

東進では有名実力講師陣の授業を無料で体験できる『体験授業』を行っています。
「わかる」授業、「完璧に」理解できるシステム、そして最後まで「頑張れる」雰囲気を実際に体験してください（対象：中学生・高校生）。

橋元先生の主な担当講座　※2025年度

「新 ベーシック物理Ⅰ・Ⅱ①②」 など

東進の合格の秘訣が次ページに

合格の秘訣1

全国屈指の実力講師陣

東進の実力講師陣 数多くのベストセラー参考書を執筆!!

WEBで体験

東進ドットコムで授業を体験できます!
実力講師陣の詳しい紹介や、各教科の学習アドバイスも読めます。
www.toshin.com/teacher/

英語

本物の英語力をとことん楽しく!日本の英語教育をリードするMr.4Skills.

安河内 哲也先生
[英語]

100万人を魅了した予備校界のカリスマ。抱腹絶倒の名講義を見逃すな!

今井 宏先生
[英語]

爆笑と感動の世界へようこそ。「スーパー速読法」で難解な長文も速読即解!

渡辺 勝彦先生
[英語]

雑誌『TIME』やベストセラーの翻訳も手掛け、英語界でその名を馳せる実力講師。

宮崎 尊先生
[英語]

いつのまにか英語を得意科目にしてしまう、情熱あふれる絶品授業!

大岩 秀樹先生
[英語]

全世界の上位5%(PassA)に輝く、世界基準のスーパー実力講師!

武藤 一也先生
[英語]

論理的に展開される授業はまさに感動。丁寧な板書とやる気を引き出す圧倒的な講義!

慎 一之先生
[英語]

国語

「脱・字面読み」トレーニングで、「読む力」を根本から改革する!

輿水 淳一先生
[現代文]

明快な構造板書と豊富な具体例で必ず君を納得させる!「本物」を伝える現代文の新鋭。

西原 剛先生
[現代文]

東大・難関大志望者から絶大なる信頼を得る本質の指導を追究。

栗原 隆先生
[古文]

ビジュアル解説で古文を簡単明快に解き明かす実力講師。

富井 健二先生
[古文]

縦横無尽な知識に裏打ちされた立体的な授業に、グングン引き込まれる!

三羽 邦美先生
[古文・漢文]

幅広い教養と明解な具体例を駆使した緩急自在の講義。漢文が身近になる!

寺師 貴憲先生
[漢文]

小論文、総合型、学校推薦型選抜のスペシャリストが、君の学問センスを磨き、執筆プロセスを直伝!

正司 光範先生
[小論文]

文章で自分を表現できれば、受験も人生も成功できますよ。「笑顔と努力」で合格を!

石関 直子先生
[小論文]

数学

数学を本質から理解し、あらゆる問題に対応できる力を与える珠玉の名講義!

志田 晶先生
[数学]

論理力と思考力を鍛え、問題解決力を養成。多数の東大合格者を輩出!

青木 純二先生
[数学]

「ワカル」を「デキル」に変える新しい数学は、君の思考力を刺激し、数学のイメージを覆す!

松田 聡平先生
[数学]

明快かつ緻密な講義が、君の「自立した数学力」を養成する!

寺田 英智先生
[数学]

理科

正しい道具の使い方で、難問が驚くほどシンプルに見えてくる!

宮内 舞子先生
[物理]

一片の疑問も残さない指導と躍動感ある講義が物理を面白くする!

高柳 英護先生
[物理]

化学現象を疑い化学全体を見通す"伝説の講義"は東大理三合格者も絶賛。

鎌田 真彰先生
[化学]

原子レベルで起こっている化学現象を、一緒に体感しよう!

岸 良祐先生
[化学]

「なぜ」をとことん追究し「規則性」「法則性」が見えてくる大人気の授業!

立脇 香奈先生
[化学]

丁寧な板書、明晰かつ簡潔な講義、徹底した入試分析が定評。

橋爪 健作先生
[化学]

「いきもの」をこよなく愛する心が君の探究心を引き出す!生物の達人。

飯田 高明先生
[生物]

地球や宇宙、自然のダイナミズムを、ビジュアルを駆使して伝える本格派。

青木 秀紀先生
[地学]

地歴公民

歴史の本質に迫る授業と、入試頻出の「表解板書」で圧倒的な信頼を得る!

金谷 俊一郎先生
[日本史]

"受験世界史に荒巻あり"と言われる超実力人気講師!世界史の醍醐味を。

荒巻 豊志先生
[世界史]

世界史を「暗記」科目だなんて言わせない。正しく理解すれば必ず伸びることを一緒に体感しよう。

加藤 和樹先生
[世界史]

わかりやすい図解と統計の説明に定評。

山岡 信幸先生
[地理]

政治と経済のメカニズムを論理的に解明しながら、入試頻出ポイントを明確に示す。

清水 雅博先生
[公民]

「今」を知ることは「未来」の扉を開くこと。受験に留まらず、目標を高く、そして強く持て!

執行 康弘先生
[公民]

※書籍画像は2025年3月末時点のものです。

東進へのお問い合わせ・資料請求は
東進ドットコム www.toshin.com もしくは下記の番号へ！

東進ハイスクール・
東進衛星予備校 校舎情報はコチラ

ハッキリ言って合格実績が自慢です！ 大学受験なら、

東進ハイスクール　0120-104-555（トーシン ゴーゴーゴー）

■東京都

[中央地区]
□市ヶ谷校 0120-104-205
□新宿エルタワー校 0120-104-121
*新宿校大学受験本科 0120-104-020
□高田馬場校 0120-104-770
□人形町校 0120-104-075

[城北地区]
赤羽校 0120-104-293
本郷三丁目校 0120-104-068
茗荷谷校 0120-738-104

[城東地区]
綾瀬校 0120-104-762
金町校 0120-452-104
亀戸校 0120-104-889
□北千住校 0120-693-104
錦糸町校 0120-104-249
□豊洲校 0120-104-282
西新井校 0120-266-104
西葛西校 0120-289-104
船堀校 0120-104-201
□門前仲町校 0120-104-016

[城西地区]
□池袋校 0120-104-062
大泉学園校 0120-104-862
荻窪校 0120-687-104
高円寺校 0120-104-627
石神井校 0120-104-159
□巣鴨校 0120-104-780
成増校 0120-028-104
練馬校 0120-104-643

[城南地区]
大井町校 0120-575-104
□蒲田校 0120-265-104
五反田校 0120-672-104
三軒茶屋校 0120-104-739
□渋谷駅西口校 0120-389-104
下北沢校 0120-104-672
□自由が丘校 0120-964-104
□成城学園前駅校 0120-104-616
千歳烏山校 0120-104-331
千歳船橋校 0120-104-825
中目黒校 0120-104-261
□二子玉川校 0120-104-959

[東京都下]
□吉祥寺南口校 0120-104-775
国立校 0120-104-599
国分寺校 0120-622-104
□立川駅北口校 0120-104-662
田無校 0120-104-272
□調布校 0120-104-305
八王子校 0120-896-104
東久留米校 0120-565-104
府中校 0120-104-676
□町田校 0120-104-507
三鷹校 0120-104-149
武蔵小金井校 0120-480-104
武蔵境校 0120-104-769

■神奈川県
□青葉台校 0120-104-947
厚木校 0120-104-716
川崎校 0120-226-104
湘南台東口校 0120-104-706
□新百合ヶ丘校 0120-104-182
□センター南駅前校 0120-104-722
たまプラーザ校 0120-104-445
鶴見校 0120-876-104
登戸校 0120-104-157
平塚校 0120-104-742
□藤沢校 0120-104-549
□武蔵小杉校 0120-165-104
□横浜校 0120-104-473

■埼玉県
□浦和校 0120-104-561
□大宮校 0120-104-858
春日部校 0120-104-508
川口校 0120-917-104
川越校 0120-104-538
小手指校 0120-104-759
志木校 0120-104-202
せんげん台校 0120-104-388
草加校 0120-104-690
□所沢校 0120-104-594
□南浦和校 0120-104-573
与野校 0120-104-755

■千葉県
我孫子校 0120-104-253
市川駅前校 0120-104-381
稲毛海岸校 0120-104-575
□海浜幕張校 0120-104-926
□柏校 0120-104-353
北習志野校 0120-344-104
□新浦安校 0120-556-104
新松戸校 0120-104-354
千葉校 0120-104-564
□津田沼校 0120-104-724
成田駅前校 0120-104-346
□船橋校 0120-104-514
松戸校 0120-104-257
南柏校 0120-104-439
八千代台校 0120-104-863

■茨城県
つくば校 0120-403-104
取手校 0120-104-328

■静岡県
静岡校 0120-104-585

■奈良県
奈良校 0120-104-597

*は高卒生専用校舎
□は中高一貫コース(中学生対象)設置校

※変更の可能性があります。最新情報はウェブサイトで確認できます。

全国約1,000校、10万人の高校生が通う、

東進衛星予備校　0120-104-531（トーシン ゴーサイン）

近くに東進の校舎がない高校生のための
東進ハイスクール 在宅受講コース　0120-531-104（ゴーサイン トーシン）

君の高校に対応
東進 個別
2025年開講！ 完全個別カリキュラムで成績大巾アップ！ 詳細はHPへ

ここでしか見られない受験と教育の最新情報が満載！
東進ドットコム　www.toshin.com
東進 検索

東進TV
東進のYouTube公式チャンネル「東進TV」。日本全国の学生レポーターがお送りする大学・学部紹介は必見！

大学入試過去問データベース
君が目指す大学の過去問を素早く検索できる！ 2025年入試の過去問も閲覧可能！

大学入試問題 過去問データベース
2025年度を含む252大学最大31年分の入試問題を無料公開中!!

※2025年4月現在

橋元流イメージ絵図

第4講 力積と運動量

◎ピザ店の金庫残高チェックー力積と運動量の関係【⇒P.69】

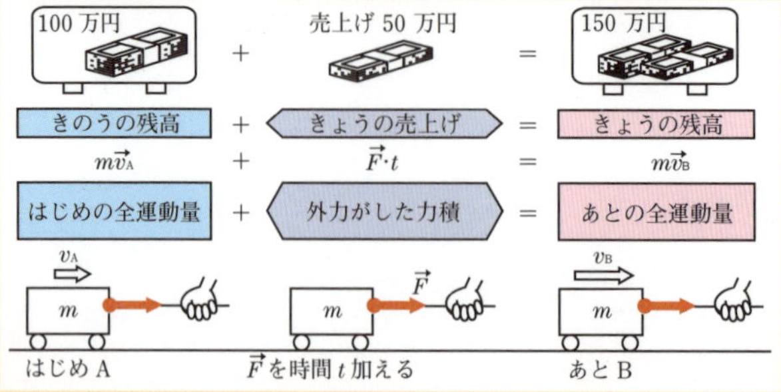

きのうの残高	+	きょうの売上げ	=	きょうの残高
$m\vec{v}_A$	+	$\vec{F}\cdot t$	=	$m\vec{v}_B$
はじめの全運動量	+	外力がした力積	=	あとの全運動量

はじめA　　　$\vec{F}$を時間t加える　　　あとB

第5講 2物体の衝突

◎2物体の衝突の解法【⇒P.92】

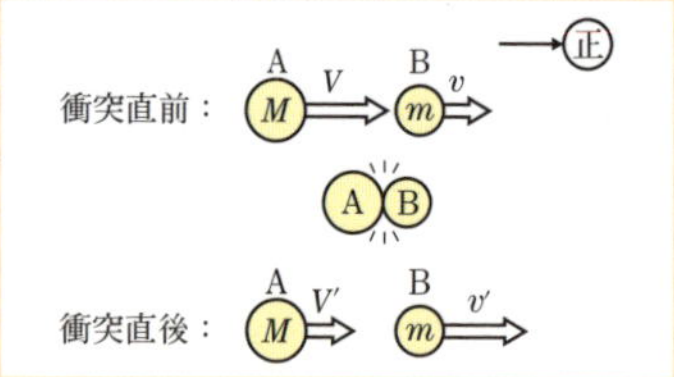

① 運動量保存則

$$MV + mv = MV' + mv'$$

② はねかえり係数の式

$$e = \frac{v' - V'}{V - v}$$

第7講 円運動

◎ねらいはヘソだ！【⇒P.123】

円運動の問題では，円の中心方向に円運動の座標軸xをとる

〈正しいとりかた〉　　〈間違ったとりかた〉

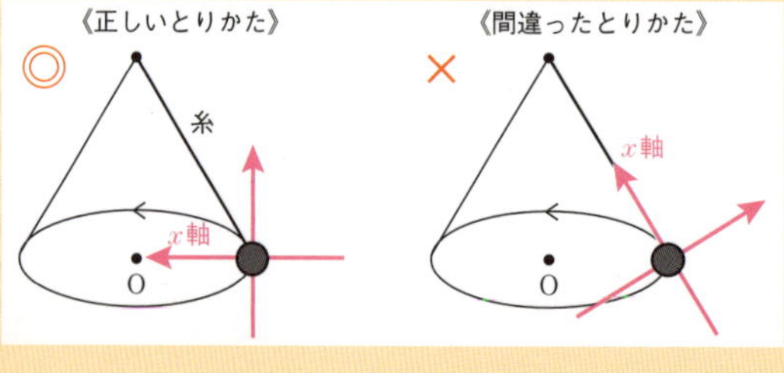